ファストファッションはなぜ安い？

伊藤和子

コモンズ

ファスト
ファッションは
なぜ安い？

CONTENTS

第1章
ファッション・
レボリューション・デーに考える
1　ファッション産業を変える?!…6
2　下請け工場で何が起きているの？…9

第2章
ラナプラザの悲劇
1　バングラデシュでみたもの…16
2　労働者の声が反映されない…22
3　構造を変える…25

第3章
**ユニクロの
中国委託先工場の過酷な労働**

1　なぜ中国、なぜユニクロ？… 30
2　手法は潜入調査… 37
3　調査報告書の公表… 39
4　長時間労働と低い基本給… 40
5　きわめて危険な労働環境… 45
6　厳しい管理体制と罰則システム… 55
7　代表者をもたない労働者… 58
8　調査結果と勧告… 60

第4章
**カンボジアの縫製工場で
何が起きていたのか**

1　極端に安いカンボジアの最低賃金… 64
2　縫製工場の労働者への聞き取り調査… 65
3　厳しい条件で働く労働者たち… 67
4　労働者の救済の役割を
　　果たしていない救済機関… 72
5　政府と国際ブランドの責任… 73

第5章
労働環境は改善したのか
●潜入調査報告書公表から一年

1 調査報告書の公表 … 78
2 ファーストリテイリング社の対応と改善策 … 79
3 改善は進んだのか … 83
4 カンボジアの過酷な労働への
　国際ブランドの対応 … 90
5 私たちの求めること … 94

第6章
企業に求められる人権への責任

1 企業の社会的責任 … 96
2 国連などが動きだした … 98
3 大手アパレル企業の方針と行動 … 103

第7章
私たちにできること

1 ファッション産業は女性たちの
　夢をかなえるのか、それとも奪うのか … 108
2 消費者には力がある … 110

あとがき・・・116

1 ファッション・レボリューション・デーに考える

華やかなファッションショーの陰で
起きていることに思いを馳せてほしい

1　ファッション産業を変える?!

　ファッション・レボリューション・デーとは？

　突然ですが、4月24日は何の日でしょう？

　春の真っ盛り、みんなの心が躍るような一日が想像できますね。

　この日は最近、国際的に新しい記念日として注目を集めています。その名は「ファッション・レボリューション・デー」。

　新しいスタイルのファッションを考えようという日です。それも、デザインではなく、ファッション産業の仕組みをもっとみんなにやさしい、持続可能なものに変えられないか？　変えていきましょう！　という国際キャンペーンの日です。

　私たちが何気なく選んで着ている服、そしてお気に入りの服は、どこで、どんなふうに作られているのか。誰が、どんな思いで作っているのか？

　私たちひとりひとりがそうしたことに少し敏感になって想像力を働かせることで、世界をよりよい場所に変えることにつながるかもしれない。そんな思いをこめてつくられた記念日なのです。

　なぜ4月24日にこのような記念日ができたのか、さかのぼってみていきましょう。

　南アジアの国、バングラデシュを知っていますか？　この国の首都ダッカの郊外に、洋服を作る縫製工場が立ち並ぶサバールという地区があります。その一角にあったラナプラザというビルが2013年4月24日、突然、

倒壊したラナプラザ・ビル

倒壊したのです(1)。

　ビルが倒れたのは朝。ビルに入居していた工場では、すでに多くの労働者が働いていました。突然の倒壊で労働者たちは生き埋めになり、犠牲者が続出しました。その数は1130人以上と報じられています。亡くなった労働者の多くは若い女性たちです。建物の下敷きになって助け出された人びとは、2500人以上と言われています。その多くは重傷を負っていました(2)。

　このラナプラザ・ビルは、事故の前日に建物に大きな亀裂があることがわかり、労働者はみんな怖がって「出社したくない」と訴えていました。それでも、工場のオーナーは出社を命令し、みんな仕方なく働きに行ったのです。

　この痛ましい事故は、イギリスのBBCやアメリカのニューヨーク・タイムズなど世界の主要なニュースや新聞で取り上げられました。日本でも報道されたので、記憶にある読者もいるのではないでしょうか。

 有名ブランドの洋服を下請けで生産

　この事故は世界に衝撃を与え、バングラデシュの工場労働は「非人道的だ」と、各国からたくさんの批判が巻き起こりました。しかし、しばらくして明らかになってきたのは、それらの工場で労働者たちが作っていたのがバングラデシュの地元企業の服ではなく、世界的有名ブランドであるアパレル(衣料品)企業の洋服だったという事実です。

　ラナプラザ・ビルのある縫製工場は、以下のようなアパレル企業から注文を受けていました。

　Adler Modemarkte、Ascena Retail、Auchan、Benetton(ベネトン)、Bonmarche(ボンマルシ)、C&A(シー＆エー)、Camaieu(カマイユ)、Carrefour(カルフール)、Cato Fashions、El Corte Ingles(エル・コルテ・イン

---

(1) http://www.cleanclothes.org/safety/ranaplaza
(2) http://www.bbc.com/news/world-asia-22476774

グレス)、Grabalok(Store 21)、Guldenpfennig、Iconix(Lee Cooper)、Inditex（インディテックス)、J.C. Penney(J.C. ペニー)、Kanz(Kids Fashion Group)、Kappa、Kik、L.C. Waikiki、Loblaw、LPP、Mango(マンゴ)、Manifatura Corona(マニファッツュラコロナ)、Mascot(マスコット)、Matalan(マタラン)、NKD、Primark(プライマーク)、PWT(Texman)、The Children's Place(ザ・チルドレンズ・プレイス)、Walmart(ウォルマート)、YesZee[3]。

　ベネトン、ウォルマート、プライマーク、J.C. ペニーなど、世界的によく知られている有名ブランドの数々。また、インディテックスは人気の高いザラ(ZARA)を含むアパレル・グループです。

　こうしたブランドの名前があがって初めて、世界の消費者たちは、バングラデシュの惨劇と自分たちの生活や選択が無関係ではないことに気がつき始めました。

　私たちが気に入って購入している欧米や日本の有名国際ブランドの服やバッグ。それらは必ずしも、そのブランドの本拠地にある自社工場で生産されているわけではありません。むしろ、海外にある取引先の縫製工場に生産を全面的に委託しているブランドがとても多いのです。

　実際には、製品のもつイメージからは想像しにくいような場所、たとえばアジアの都市にある下請け企業の縫製工場で、地元労働者の手によって、黙々と生産されています。しかも、安全で清潔とは言えない、劣悪な労働環境の場合も少なくありません。

　そうした工場は、ほとんどの場合、国際ブランドの自社工場ではありません。ブランドのスタッフが常駐しているわけでもありません。発注を受けた下請け企業や取引先企業にすぎないのです。多くのブランド、とくにアパレル企業は、海外の取引先に自社製品の生産を全面的に委託し、製品を買い取って、ブランドの名前で大々的に販売してきました。

　製品を生産する企業はサプライヤー(供給元)、彼らに発注して製品を買い取るアパレル企業はバイヤー(買い主)と呼ばれています。両者の関係は取引関係です。だから、バイヤーは気に入らなければいつでも取引を解消して、サプライヤーを切り捨てることができます。

当然、バイヤーは強い立場にあり、サプライヤーに対し、より高い品質をより低コストで提供するように求めます。選択権はバイヤーにあるのです。地元の下請け企業は必死で要望に応えようとします。そのしわ寄せを受けるのは、いつも末端の労働者です。

2　下請け工場で何が起きているの？

 とても安い賃金

　こうした構造の典型が、日本でも流行している「ファストファッション」と言われるファッション産業です。ファストファッションとは、流行を採り入れつつ、低価格に抑えた衣料品を大量生産し、短いサイクルで販売するブランドやその業態を総称します。安くて早い「ファストフード」になぞらえた造語です。

　世界的な不況にもかかわらず、ファストファッションは一大産業となり、名だたる国際ブランド企業が売り上げを伸ばしています。チープでありながら、スタイリッシュと評価されるファストファッション。それは、デフレ時代のいま、消費者である私たちにとっても、とても便利。

　でも、安いのには理由があります。

　生産工程で一番節約できるコストは、何でしょうか？　それは人件費です。日本の企業も、生産コスト削減のために、人件費の安いアジア諸国に生産拠点を求める動きが続いています。「発展途上国と先進国では所得の格差があるのだから、とくに問題はない」と思う方もいるかもしれません。しかし、果たしてそう言い切れるでしょうか。

　日本から遠く離れた「発展途上国」と言われる国々で洋服を作っている人たちは、本当に安い給料しかもらっていません。

　たとえば、バングラデシュの縫製労働者の最低賃金はラナプラザ・ビル

---

(3) http://www.cleanclothes.org/ranaplaza/who-needs-to-pay-up

倒壊事故当時、3000タカ（約38ドル）にすぎませんでした。事故後の2013年12月、ようやく5300タカ（約68ドル）に上昇しました[4]。それでも、日本円に換算すると8000円ほどの月給です。

日本ではもちろん生きていけませんが、バングラデシュでも生活できる水準ではありません。そのため、なんとか生きていける給料を得るために、深夜まで残業して自分を酷使せざるを得ません。

世界的なアパレル企業が現地の下請け工場に求めることは二つ。安い発注価格に応えられることと、短い納期で大量生産することです。この要求を満たすために、現地工場は労働者を劣悪な労働環境で働かせ、納期に間に合うように長時間の残業を課します。

安い労働力に目をつけたアパレル企業から注文を受注し、世界有数の「縫製工場」となったバングラデシュ。欧米諸国では、中国に継ぐ世界第2位の衣類輸出国として知られています。日本の国別衣類輸入比率も、2007年の0.3％から13年には3.1％に増えました[5]。

その縫製労働を支えているのは、莫大な数の若い女性たちです。そして、労働者たちは人権を軽視した過酷な労働をさせられていました。それは、私たちと無関係ではありません。

グローバル・ビジネスが生み出す人権侵害

私は国際人権NGOであるヒューマンライツ・ナウという団体の事務局長を務めています。ヒューマンライツ・ナウは、国境を越えて世界の人権侵害の解決のために活動するNGOです[6]。欧米を拠点とする団体はたくさんありますが、日本を拠点とする団体としては初めてです。

国境を越えて深刻な人権侵害が行われるような世界をなくしたい、という想いをもつ人びとが創設メンバーとなり、2006年にヒューマンライツ・ナウを立ち上げました。私も創設者のひとりです。私たちは創設以来、アジア各国や世界中の人権NGOとネットワークをもち、次の三つのアプローチで活動してきました。

①事実調査——被害の現場に赴いて人権侵害の実態を調査し、世界に向けて告発する。
②アドボカシー——人権問題を解決するために政府や企業、国連などに働きかけ、改善させる。
③エンパワーメント——人権侵害に立ち向かう主体となる人びとを励まし、支援する。

人権侵害というと、どんなことを思い浮かべるでしょうか。

政府や軍によって命を奪われたり、難民になったり、児童労働の犠牲になったりする人たち、暴力をふるわれる女性など、深刻な人権侵害の被害は、いまも世界各地で続いています。その多くは、武力紛争下での殺害、自由を求めて活動する人たちへの不当な拘束や拷問など、政府や軍などによって行われています。

一方、政府ではない、民間人や組織による人権侵害も、現代社会ではとても深刻です。人を搾取目的で物のように売買する人身売買のように、悪質なブローカーや犯罪組織が関わる人権侵害も横行しています。

こうしたなかで、最近深刻となってきたのが、多国籍企業が関わる人権侵害、つまりビジネスによって起きる人権侵害です。世界でも名だたる有名企業や素晴らしい製品を作っている企業の、きれいな本社ビルから遠く離れた途上国の工場で、労働者や住民たちが深刻な人権侵害にあう、そんな事態が、いわゆる冷戦が終わって経済のグローバル化が進んだ1990年代から目立つようになってきました。

多国籍企業によって生まれ育った土地や大切な資源を奪われる、先住民が住む森を破壊される、そうした行為に反対する人たちが暗殺される、外国企業が関係する下請け工場がひどい環境汚染を引き起こす、現地の労働者を過酷な条件で働かせる、子どもまで働かせる……。こうしたケースが後を絶ち

---

(4) http://www.cleanclothes.org/livingwage/bangladesh-minimum-wage
(5) 長田華子「低価格の洋服と平和——バングラデシュの縫製工場で働く女性たち」堀芳枝編『学生のためのピース・ノート2』コモンズ、2015年。
(6) http://www.hrn.or.jp

ません。

経済のグローバル化が進み、先進国は途上国に生産拠点を移して、資源も途上国に依存しています。それにともなって、グローバル・ビジネスが生み出す人権侵害は深刻になっていきました。そんな人権侵害が劇的に、1130人以上の労働者たちの犠牲というかたちで明らかになったのが、ラナプラザ・ビルの事故だったのです。

私たちヒューマンライツ・ナウでは、政府や軍、犯罪組織などが関与する人権侵害だけでなく、グローバル・ビジネスが生み出す人権侵害にもメスを入れていこうと考えました。

下請け工場で起きたことは他人事？

2014〜15年に世界各地で続出した、マクドナルド社の異物混入事件。海外の下請け工場で起きたことでも、製品の品質に関わる重大な事態であり、本社の姿勢が問われました。下請け工場で製造している製品について、食の安全性と品質確保の責任を果たしているのか、企業の監督体制が問われました。

しかし、製品の安全性や品質に直接影響しない場合であっても、発注している企業の社会的責任が問われるべき場合があります。たとえば、海外の下請け工場で排水を垂れ流し、公害を引き起こした結果、環境を破壊し、周辺で暮らす人たちの健康に被害を与えた場合。そして、ラナプラザ・ビルのように労働者の人権を侵害した場合。とりわけアパレル企業では、海外下請け工場での過酷な労働が問題とされています。

児童労働や、労働法を無視した人権を否定する過酷な搾取的労働に対して、「それは下請け工場のやっていることで、私たちは関係ない」と言えるのでしょうか。

「サプライチェーン」という言葉があります。原材料・部品の調達から、製造、在庫管理、販売、配送までの一連の流れを指し、鎖のようにつながっているという意味で使われてきました。

企業がある製品を製造し、販売するまでの一連のビジネスは、関係するひとつひとつのプロセスすべてに影響を与えます。プロセスのどこかに人権侵害があったとき、企業は「知らない」と言ってすませることができるでしょうか。

　多国籍企業は、下請け企業に生産を委託することによって大きな利益を得ています。そもそも、その企業が委託しなければ、下請け企業で人権侵害は発生しなかったはずです。同時に、企業が影響力を行使し、関与すれば、人権侵害を回避したり是正できる可能性があります。にもかかわらず、サプライチェーンで発生した人権侵害に目をつぶり、十分な注意を払わずに放置して、利益だけをあげるという行為が許されるでしょうか。

 下請け工場はブラックボックスでよいのか

　話を下請け工場に戻しましょう。私たちがひんぱんに目にし、購入するファストファッション。その生産過程は、どうなっているのでしょうか。これだけ安い価格で衣服を購入できる陰で、労働者たちはどんな過酷な労働を強いられているのでしょうか。

　私たちはふつう、そうした工場にはなかなかアクセスできません。したがって、その実態はブラックボックスです。

　しかし、それではいけないのではないか。そう考えた私たちヒューマンライツ・ナウは、「実態を知る」ために、調査という方法でアプローチしました。

　私たちはどうすればいいのでしょうか。私たちが着ている服が、どこで、どう作られているのか。ファッション産業の裏側をのぞき、想像力を働かせることから、始めてみましょう。そこから解決の鍵が見つかるかもしれません。

　これから本書で、私たちが生産現場で見た現実を皆さんにお伝えしていきます。

ラナプラザの悲劇

バングラデシュ 職場の実情を訴える
タズリーン縫製工場の女性労働者

1　バングラデシュでみたもの

　ラナプラザ・ビルの倒壊事故から1年2カ月後の2014年6月、私はバングラデシュの首都ダッカを訪れました。ヒューマンライツ・ナウのメンバー5人で調査チームを組み、縫製工場で働く人たちの実状を調査するためです。倒壊事故で多くの労働者の命が奪われ、助け出された人たちの多くも重傷を負い、苦しんでいると報道されていました。被害にあった人たち、そして現在働く労働者たちがどんな環境に置かれているのか、実態を把握しようと考えたのです。

　現地でわかったことを一言で言えば、ラナプラザ・ビルの事故後も、変わらぬ低価格競争が続き、縫製工場では搾取的労働が続けられ、労働者たちが苦しんでいる、ということでした。

事故のトラウマと重い後遺症をかかえて
生きていかざるを得ない女性たち

　私たちは滞在中、ラナプラザ・ビル事故の被害にあい、助け出された労働者の人たちにお会いする機会を持ちました。被害者の皆さんにお会いしたのは、ダッカ郊外に位置するサバールの近くの病院です。

　被害者の皆さんはビルの倒壊時に負った深刻なけがのために、1年以上経過しても治療が必要な状況で、病院に通っていました。女性たちは10代から20代なかば。ビルの下敷きになり、助け出された彼女たちの足には、傷跡が痛々しく残っていました。神経が切断されて下半身まひになり、治療を受け続けている女性も少なくありませんでした。

ラナプラザ・ビルの事故でけがを負い、通院を続ける女性・少女たちと、通院先で面会

彼女たちは事故については言葉少なでしたが、「事故の恐怖はいまも忘れられない」と口々に言いました。わかったのは、どれほど過酷な労働環境だったかということです。21歳の女性が、ラナプラザ・ビルにあった縫製工場で働いていたときの状況を話してくれました。

　「事故当時、私は工場で週7日、休みなく強制的に働かされていました。この工場では3〜4時間の超過労働は当たり前。私は妊娠していたのに、毎日働かなければならなかったし、深夜も残業を強制されていました。土曜・日曜も、休むという選択肢はありませんでした」

　これだけ残業しても、割増賃金は支払われていなかったそうです。彼女はこの事故で、おなかの赤ちゃんを失いました。

　写真中央の黒いベールをかぶった少女は、事故当時14歳。児童労働に従事していたのです。しかも、児童労働だから「見習い」扱いとされて、給料はおとなの半分しかもらえませんでした。一緒に働いていたお母さんはがれきの下敷きとなり、亡くなったそうです。

大けがをした事故当時14歳の少女（写真中央）

　彼女の足のけがはとても重く、5回も大手術を受けたのに、いまも両足とも感覚がまひしたまま。一生障害を背負っていくことになるかもしれないと告げられたそうです。彼女は人生に降りかかった過酷な試練に、必死に耐えていました。

　16歳の少女は事故当時15歳。彼女も事故で母親を失い、彼女自身、救出されるまでがれきの下で3日間も苦しんでいたそうです。彼女は左足を切断せざるを得ませんでした。23歳の女性は事故によって膝が砕け、左半身の感覚はまったくないと言います。

　私たちが会った10人の労働者は、いずれも深刻な後遺症に苦しんでいました。片足を失ったり、足の感覚がなくなったり、半身マヒ、しびれなど、

いつ治るともしれない不安をかかえているのです。いつになったら、ふつうに歩いて、働くことができるのか、まったくわからない状況でした。

賠償金を支払わない国際ブランドが多い

こうした被害者に対して、補償金はきちんと支払われているのでしょうか？　決して、そうではありませんでした。

たしかに、ILO（国際労働機関）のイニシアティブで「ラナプラザ支援基金」という民間基金が事故後に創設されました[1]。4000万ドルを目標に資金を集め、犠牲者と生存者に相応の賠償を実現するためです。

しかし、2014年8月4日時点では、1800万ドル弱しか基金が集まっていませんでした[2]。ラナプラザ・ビルで製品を作っていたとされる国際ブランド（アパレル企業）の多くが、下請けの縫製工場で起きた事故について自分たちは責任を負わないという態度を示し、基金への十分な支出を拒んでいたからです。

有名ブランドは、安全性を欠くバングラデシュの縫製工場での低賃金労働に生産を依存し、巨額の利益を得てきました。にもかかわらず、その多くが、ひとたび労働者に甚大な犠牲が出ると知らん顔をして、責任を果たそうとしなかったのです。

2014年8月時点で、何らかの賠償金を支払ったとされているブランドはプライマーク、ウォルマート、アズダなどの17社。ベネトン、J.C.ペニー、カルフール、Store21、ローブ・ディ・カッパなどの16社は、何のコミットメントもしていませんでした[3]。

その後、世界のNGOが共同の署名キャンペーンを展開して、責任をとろうとしないブランドを批判。ベネトンは事故から2年が経った2015年4月に、ようやく110万ドルの寄付（賠償金）を基金に送りました[4]。このように有名な国際ブランドがしぶしぶ賠償金を送るようになり、ILOは2015年6月、「拠出金が3000万ドルを達成した。これから被害者に賠償していく」と発表しました[5]。しかし、これで本当に解決したといえるのでしょう

か。

　事故で亡くなった方とけがをした方を合計すると、3500人を超えています。平均しても一人あたり120万円程度にすぎません。死亡者や長く後遺症に苦しむ労働者への賠償金として、一人あたり120万円が正当だといえるのでしょうか。

 女性労働者たちの訴え

　劣悪な環境に置かれていたのは、もちろんラナプラザ・ビルの労働者だけではありません。

　ラナプラザ事故のちょうど5カ月前の2012年11月24日には、ダッカにあるタズリーン(Tazreen)という縫製工場で火事が発生。工場にいた1150人の労働者のうち112人が焼け死に、200人以上が負傷しました。工場は管理者とガードマンによって厳重に管理され、窓は頑丈に閉められていたそうです。労働者たちは深夜も休みなく、閉じ込められて働いていました。火災警報が鳴っても「無視して働け」と管理者に命じられた労働者たちは、煙と炎がまわって逃げられず、次々と焼け死んだそうです(6)。

　監禁されての深夜労働。そこで作られていたのも、ウォルマートやディズニーなど有名国際ブランドの製品ばかりでした(7)。

　私たちは、NGOが運営し、女性縫製労働者たちが憩うWomen's Caféを

---

(1) http://www.ranaplaza-arrangement.org/fund
(2) http://hrn.or.jp/news/3036/
(3) http://hrn.or.jp/news/3036/ 原典は http://www.ranaplaza-arrangement.org/fund/donors および http://www.cleanclothes.org/ranaplaza/who-needs-to-pay-up（最終アクセス2014年8月7日）
(4) http://www.theguardian.com/world/2015/apr/17/rana-plaza-disaster-benetton-donates-victims-fund-bangladesh
(5) http://www.ilo.org/global/about-the-ilo/newsroom/news/WCMS_374239/lang--en/index.htm
(6) http://business-humanrights.org/en/lawsuit-against-tazreen-fashions-re-factory-fire-in-bangladesh
(7) http://www.cleanclothes.org/news/2013/05/24/background-rana-plaza-tazreen

訪れました。カフェと言っても、ビルの一室です。それでも、日ごろ一言も私語を許されずに働き続けている女性労働者たちがたくさん集まっています。彼女たちは堰を切ったように、自分の気持ちを話し、仕事の不満や悩みを相談しあい、夜がふけるのも忘れて語り合っていました。私たちを見つけたタズリーン工場の女性労働者たちが近寄ってきて、口々に訴えました。

「火事の前は、工場の外から鍵がかけられていました。私たちは監禁されて働かされていたのです」

「火事の後は、閉じ込められなくなりました。だけど、賃金は2カ月も支払ってもらっていません。それどころか、このままでは仕事を失ってしまうわ」

タズリーン工場のオーナーは火災後に逮捕されて、勾留中。刑事裁判を待っている状況でした。

彼が所有する6つの縫製工場のうち5つは閉鎖になると、一方的に工場側から発表されたそうです。女性たちは、閉鎖によって7000人の労働者が職を失うと訴えました。

「私たちはいま、工場に泊まって生活しているんです。そうしないと、オーナーが工場を勝手に売り払ってしまうから。私は9年も工場で働いてきました。次の仕事を得るのは難しい。職を失いたくありません」

「私たちは工場閉鎖に反対し、未払いの給料の支払いを求めてデモもしました。けれど、警察に殴られたり、水をかけられたり、ひどい目にあっているんです」

海外の人権団体に助けを求める彼女たちは必死でした。

 事故後も続く搾取労働と過酷な生活環境

ラナプラザ・ビルの倒壊事故やタズリーン工場の火事で明らかになった過酷な労働環境は、事故後も変わっていない！　このバングラデシュ調査で、私は痛感しました。

ラナプラザ・ビルの事故後に縫製産業従事者の最低賃金は引き上げられま

スラムで生活する若い労働者

したが(10ページ参照)、生活は苦しいままだと労働者は訴えました。賃金が上がるのとほぼ同時に、家賃も生活必需品の価格もすべてが値上がりしたからです。工場で働く人たちの生活が苦しいことに、変わりはありません。

　私たちは、縫製工場で働く労働者たちが住むところを訪れました。そこはダッカ市内にある、洞穴のようなスラム街でした。洞窟のような場所を入っていくとスラムがあり、多くの人たちが密集して住んでいました。夜9時を過ぎ、縫製工場の残業を終えたとみられる若い女性たちが次々と帰途につく場所は、とても劣悪な環境のスラムだったのです。

　それぞれの住む部屋は、トタンで簡単に囲われているだけでした。むし暑くて、臭いがこもり、とても息苦しい空間でした。一家が暮らす部屋は、日本で言えば3畳ほど。本当に狭いので驚きました。トイレ、シャワー、洗面所、炊事場などは、部屋にありません。ベッドと簡素な棚と椅子くらいしか置けない狭さです。十分に手足を伸ばせるスペースすら、ありません。

　もちろん、エアコンも扇風機もありません。きれいな水を供給する水道設備もありません。食事が鍋で調理されていましたが、常に虫がたかっていました。安全な食べ物やきれいな水は、日常的に望めないようです。

　調査団のメンバーたちは、しばらく言葉を失いました。

　労働者たちが土曜も日曜も関係なく、朝から深夜10時、11時まで働いても、住めるところは、この蒸し暑くて息が詰まるようなスラム街だったのです。工場での労働が過酷なだけでなく、家でも体を伸ばしてくつろぐことすらできない。

　このスラムに住む女性たちは、毎日過酷な生活を送っていると語りました。毎日深夜まで残業しても暮らしはよくならない、上司からセクシュア

ル・ハラスメントを受ける、それに抗議してくれた男性の同僚は報復で辞めさせられてしまった、工場では上司に逆らうことは許されない……。

こうした話が、いつまでも続きました。

2 労働者の声が反映されない

 労働法は改正されたけれど……

バングラデシュでは、2013年7月22日に労働法の改正が行われました[8]。しかし、私たちはこの改正が労働者の権利の前進とは言えないという意見を数多く耳にしました。

改正法のなかで目に見える前進は、第178条(3)で、旧法の「労働組合結成にあたっては、加盟した者の名簿を雇用者側に報告しなければならない」という、きわめて問題のある規定を廃止したことです。この改正を受け、欧米諸国、とくにアメリカの政府や民間の労働組合が支援をした結果、2013年以降に縫製産業分野では、少なくとも146の新たな労働組合が登録されたと報告されています[9]。

それまで、バングラデシュの縫製産業部門で登録されていた労働組合は、一桁単位だと言われていたことを考えれば、たしかに、これは過去にない前進といえるでしょう。

ところが、現実は希望が持てるものではありませんでした。労働組合関係者によれば、労働組合結成を試みた労働者を経営者が解雇するなどの違法行為が後を絶たないというのです。

バングラデシュの労働法第195条(d)は、雇用者に対し、組合結成を理由とする労働者の解雇やその脅しを禁止しています[10]。にもかかわらず、私たちは違反行為が横行しているという訴えを実に多く聞きました。私たちが会ったNGO関係者は、現状をこう語りました。

「労組を結成したために逮捕された労働者もいるし、仕事を失った労働者もいます。縫製産業に身を置く彼らにとって、仕事はかけがえのないものな

の。だから、多くの労働者は報復を恐れ、仕事を失いたくなくて、労組を結成できずにいます」(11)

 ## 切り捨てられる労働者たち

　ラナプラザ・ビルの倒壊事故を受けて、欧米のアパレル産業は2013年5月、プライマークやH&Mなどの欧州企業が中心になって「バングラデシュにおける火災予防及び建設物の安全に関する協定（通称アコード）」(12)を、また7月には、アメリカのウォルマート、GAP、シアーズなどが参加して「バングラデシュ労働者の安全のための同盟（通称アライアンス）」(13)を、それぞれ結成。縫製工場の建物の安全性に関するチェックを進めていくことを決め、そのための計画を推進していこうとしました。

　しかし、こうした取り組みに対しても現地の人権団体や労働組合からは、大きな不安が寄せられました。アコードの活動もアライアンスの活動も、「工場の安全」という狭い分野に焦点をしぼったものにすぎないからです。

　「建築基準を守っているか、火事への備えができているか」というチェックに終始していて、労働者の権利向上のための労働条件も含めた工場の監査・監督ではありません。労働者の過酷な労働や劣悪な労働条件を改善する仕組みではないというのです。また、どちらの実施プロセスでも、労働者には参加や意見反映の機会がなく、労働者の権利に基礎を置くプロセスとは認

---

(8)　翻訳版（英語）改正労働法:http://www.ilo.org/dyn/natlex/natlex_browse.details?p_lang=en&p_country=BGD&p_classification=01.02
(9)　http://cpd.org.bd/wp-content/uploads/2014/04/press-reports-editorials-dialogue-one-year-after-rana-plaza-tragedy.pdf
(10)　http://www.vivhaan.com/wp-content/uploads/2012/01/Bangladesh_Labor_Law.pdf
(11)　以上の違反行為に関する調査結果については、ヒューマンライツ・ナウの調査後の声明参照。http://hrn.or.jp/news/3036/
(12)　「アコード」条文 : http://www.bangladeshaccord.org/wp-content/uploads/2013/10/the_accord.pdf
(13)　「アライアンス」条文 : http://usas.org/wp-content/blogs.dir/1/files/2013/07/WMT-Gap-Plan-released.pdf

めがたいと、人権団体や労働組合は主張していました。

　私たちがとりわけ心配だったのは、一定の安全性基準を満たさない工場が次々と閉鎖に追い込まれ、労働者たちが職を失いつつある、という情報に数多く接したことです。労働組合関係者は、工場閉鎖の結果として数万人もの労働者が職を失うのではないかと心配し、私たちに次のように訴えました。

　「バングラデシュには5600の縫製工場がある。アコードもアライアンスも、2014年中に検査を終わらせるという。その結果、どれだけの労働者が何の補償もなく路頭に迷うことになるのか」

　アライアンスは工場閉鎖や改修により職を失った労働者に対する賃金支払いの方針を公表していましたが[14]、アコードは私たちの調査時点で、こうした方針を公表していませんでした。

　「アコードは、工場の閉鎖を決めるだけで、新工場建設や改築のための資金援助は一切しない。工場閉鎖で失業に追い込まれる労働者たちの賃金も支払おうとしない」

　私たち調査団に対して、縫製産業経営者団体（BGMEA）も労働組合関係者も、口をそろえて指摘しました。労働者が職を失わずに働き、生活の糧を得るという、もっとも重要な権利は、国際的な法令順守の取り組みのなかで重視されていなかったのです。

　ヒューマンライツ・ナウは調査から帰国後すぐに、アコードに連絡して方針を何度も尋ねましたが、誠意ある回答がありません。そこで2014年8月に発表した声明で、この問題を大きく取り上げました。

　アコードは私たちの批判を受けて、ようやく改善を進めました。たとえば、検査の結果工場が閉鎖・建て替えとなる場合でも6カ月間は労働者に給与を支払うよう地元工場に求め、これに従わない場合は取引停止にするなどの方針を明らかにしたのです[15]。私たちは引き続き、こうしたイニシアティブが本当に労働者の権利の保護につながるのか、注目し続けていく必要があります。

3　構造を変える

 低価格競争が招く悲劇

　ラナプラザ事故のような悲劇は、どうして起きるのでしょうか。
　労働者たちは、なぜ、いまも苦しい生活なのでしょうか。
　世界に名だたる国際ブランド(アパレル企業)は、人件費が安く、労働法規制も十分ではないアジアの途上国に生産拠点を移し、巨大な利益を得ています。つまり、市場や消費者のニーズに応えて同業他社との競争に勝ち、巨大な利益をあげるために、途上国の工場に「低価格」で「短い納期」の生産を厳しく求めることが大きな原因なのです。
　世界的なアパレル企業の多くがいまファストファッションにシフトし、世界規模で熾烈な低価格競争を進めています。その犠牲は、生産現場に強いられていきます。
　バングラデシュに製造を発注している国際ブランドの発注価格と買い取り価格があまりに低いため、労働者の権利を保障した安全な労働環境が実現できないという訴えを、バングラデシュ滞在中に工場関係者から何度も耳にしました。
　国際ブランドの発注価格が低いという声は、バングラデシュに工場を置く日本企業からも出されています。私たちが輸出加工区で操業する日本企業の工場を訪れたとき、工場責任者はラナプラザ・ビル事故以降も低価格競争はまったく変わっていないと語りました。
　「バイヤーがあまりにも低い価格を要求するから、ラナプラザのような事故が起きたんです。それなのに、いまでも低価格と納期のプレッシャーはすごいです」

---

(14) http://www.bangladeshworkersafety.org/files/Alliance%20Wage%20Extension%20Press%20Release%207_10_14.pdf
(15) http://bangladeshaccord.org/(最終アクセス 2015 年 12 月 27 日)

「どういうことですか」

「『そんな価格では作れない』というと、国際ブランド側は『それならミャンマーやアフリカの工場に発注を切り替えてもいいんですよ』と言って、プレッシャーをかけてきます。また、バイヤーは『中国企業ならこの値段ですよ。おたくはどうしますか』と露骨に言ってきますよ。でも、私たちだって品質だけは落とせませんからね」

品質を誇るこの日本企業は、あまりにも低価格の要求にはNOと答えると言います。しかし、日本企業よりも弱い立場に置かれているのは、現地企業の工場です。私たちがダッカ市内の工場を訪れ、労働環境がよくないことを指摘すると、マネージャーが言いました。

「私たちも、もっと労働環境をよくしたい。けれども、バイヤーから決められた価格では、労働条件の改善は不可能だ。バイヤーに価格を上げてくれとは言えない。一度でもそんなことを言ったら、彼らはうちの工場には戻ってこないだろう」

実際にそうなれば、倒産するしかありません。仕事を失いたくない工場は、文句を言わず、短い納期で、単価の低い、大量生産の発注を受けるしかないというのです。

もちろん、バングラデシュの現地企業自体、労働法規を十分に守っておらず、労働者が不満を述べれば解雇したり、違法な残業をさせて労働者を搾取したりといった行為が横行しています。こうした実態に対して、政府も十分な対策を講じていません。問題の第一次的な責任は、バングラデシュの企業と政府にあるのかもしれません。

とはいえ、発注元である国際ブランドが関与していなければ、これだけ大がかりな労働搾取は成立しないことも、また事実です。

国際ブランドは、賃金が安く、労働法規が守られず、労働者の権利が侵害されやすいという実情をよく知ったうえで、バングラデシュに進出し、製造を委託し、コストを下げて利益を得ています。そして、さらに低価格や短い納期を要求していく。こうした国際ブランドに責任がないとは言えないでしょう。

このようなプロセスで作られた製品が、アメリカ、ヨーロッパ、日本などで低価格のファストファッションとして提供されています。そして、私たちは低価格競争の恩恵を受けて、安くてスタイリッシュな製品を購入できるわけです。大きな意味で言えば、私たちはこうした労働搾取の犠牲のうえに利益を得ています。知らず知らずのうちに、国境を超えたビジネスの過程で生まれた人権侵害に加担しているのです。

構造を変える

　グローバルなファッション・ビジネスの構造的な問題を変えないかぎり、途上国の女性たちは苦しむばかりです。私たちも安い服をそのまま買い続けているだけでは、そんな人権侵害を生み出す経済に加担することになります。
　では、不買運動を展開して、撤退させればいいのでしょうか。そう簡単な問題でもありません。バングラデシュのような国では女性たちが自立できる職業は非常に少なく、農村で生まれ育った少女たちには自立のための選択肢がありません。幼いうちに結婚させられたり、人身売買の犠牲になったりする少女も、少なくありません。手に職をつけ、貯金もできる縫製産業で、人権侵害を受けずに生計を立てられるようになれば、それはとても大切な生きる道となるでしょう。
　私たちは調査の間、「路頭に迷う」「失業する」という恐怖をかかえた多くの労働者の訴えを聞きました。また、NGOからも言われました。
　「バングラデシュで作った商品に対する不買運動はしないでほしい。私たちが生きていく大切な産業を奪うようなキャンペーンは望んでいない」
　では、どうしたらいいのでしょうか。私は、こう思います。
　①私たちが同じ人間であるという基本に立ち返り、服を作るプロセスで何が起きているかに関心を寄せる。
　②服を作っている人たちの人権を保障し、人間らしい労働環境を求めていく。
　③消費者として、労働者の犠牲のうえに立った低価格商品を望んでいない

という声をあげて、それをコンセンサスにし、それを市場のトレンドにしていく。

　市場は、需要と供給で成り立っています。供給側の国際ブランドの論理で、人びとを犠牲にするファッションの悪しきサイクルがつくられている現状を変えるためには、需要側である私たちの側から声をあげ、市場をコントロールしていくことが必要です。そのために、私たちは賢くなり、関心を持ち、そして勇気を出して声をあげていくべきではないでしょうか。

ユニクロの中国委託先工場の過酷な労働

中国　ユニクロ委託先工場で、高温の作業現場での長時間労働に上半身裸で従事する労働者

1　なぜ中国、なぜユニクロ？

中国のNGOとの共同調査

2014年の初め、私たちヒューマンライツ・ナウは、中国で操業する日本ブランド・ユニクロの縫製工場における労働環境の共同調査プロジェクトを開始しました。以前からつながりをもっていた、香港を拠点とするNGO（市民団体）のStudents & Scholars Against Corporate Misbehavior（企業の不正行為に反対する学生・研究者グループ、以下「SACOM」）と、Labor Action China（中国労働透視、以下「LAC」）から、「一緒にやりませんか？」という誘いを受けて、始まりました。

SACOMは、中国での多国籍企業の活動を調査する市民団体。2005年の設立以来、労働者の権利侵害に関するキャンペーンの開催など、社会の認知を高める活動をしてきました。名前が示すとおり、学生や研究者が主体の若くて活気ある団体です。一方のLACは、中国における労働者の権利を確保するために同じく2005年に設立されました。

彼らが中国の労働者の権利に取り組み、私たちに共同プロジェクトを持ち掛けてきた背景には、何があるのでしょうか。

中国は衣料品の輸出大国

中国は1979年に「改革・開放」政策に転換して以降、政府自ら縫製産業（衣料・繊維産業）を重要な柱とする産業育成・優遇政策を採用。海外からの投資が相次ぎ、「世界の縫製工場」と言われるほど急速に縫製産業が拡大してきました。

1980年の衣料・繊維品の輸出総額は44.1億ドルで、世界輸出総額の4.6％、第9位でしたが、95年以降は第1位です[1]。最近では世界輸出総額の約40％を占め、輸出量も毎年増えています[2]。

図1　衣料品輸出額の上位5カ国の推移（2000～14年）
（単位：1000米ドル）

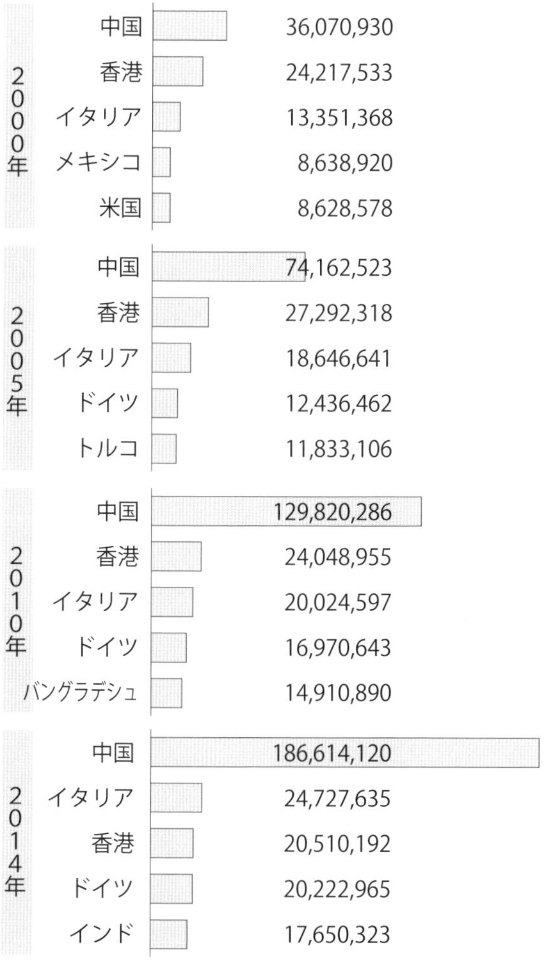

2000年
中国	36,070,930
香港	24,217,533
イタリア	13,351,368
メキシコ	8,638,920
米国	8,628,578

2005年
国	輸出額
中国	74,162,523
香港	27,292,318
イタリア	18,646,641
ドイツ	12,436,462
トルコ	11,833,106

2010年
国	輸出額
中国	129,820,286
香港	24,048,955
イタリア	20,024,597
ドイツ	16,970,643
バングラデシュ	14,910,890

2014年
国	輸出額
中国	186,614,120
イタリア	24,727,635
香港	20,510,192
ドイツ	20,222,965
インド	17,650,323

（出所）国連商品貿易統計データベース
http://comtrade.un.org/

2012年には、436億点の衣料品を製造（輸出額は1532億ドル）し、国内市場では1兆7000億人民元もの衣料品を販売したそうです[3]。「国連商品貿易統計データベース」によると、2014年の衣料品輸出額は1866億ドルで、2位のイタリアの7倍以上です。図1に輸出額上位5カ国の推移を示しました。中国が圧倒的に多いことがよくわかるでしょう。

中国国内の衣料品製造会社は10万社を超え、1000万人以上が働いていると言われています。海外の有名ファストファッションブランドの工場進出もさかんです。H&M、ザラ、GAP、ユニクロなど多くのブラン

---

(1) Larry D. Qiu, China's Textile and Clothing Industry, 2005, p5.
(2) China Textile Industry Development Report, China National Textile and Apparel Council, 2012.
(3) An Overview of China's Garment Industry, National Garment Association, at http://www.cnga.org.cn/engl/about/Overview.asp

表1　日本が衣料品を多く輸入している上位10カ国(2000～14年)

年	国	輸入量と輸入額	
		トン	100万円
2000	1. 中　　国	819,440	1,542,901
	2. イタリア	5,054	95,730
	3. 韓　　国	40,912	90,856
	4. ベトナム	24,653	63,550
	5. 米　　国	10,494	47,985
	6. タ　　イ	13,388	30,091
	7. フランス	1,533	24,823
	8. インドネシア	13,808	23,422
	9. イ ン ド	5,823	14,658
	10. 英　　国	919	12,240

年	国	輸入量と輸入額	
		トン	100万円
2005	1. 中　　国	958,275	1,949,799
	2. イタリア	3,505	107,303
	3. ベトナム	22,805	66,849
	4. 韓　　国	14,378	44,357
	5. 米　　国	3,422	30,335
	6. タ　　イ	11,079	27,714
	7. フランス	723	21,324
	8. イ ン ド	5,013	15,373
	9. インドネシア	6,574	13,072
	10. フィリピン	3,732	10,207

年	国	輸入量と輸入額	
		トン	100万円
2010	1. 中　　国	902,905	1,874,323
	2. ベトナム	41,315	104,326
	3. イタリア	1,891	58,170
	4. タ　　イ	9,742	24,704
	5. 韓　　国	10,961	20,090
	6. イ ン ド	5,147	17,919
	7. バングラデシュ	12,094	17,258
	8. インドネシア	9,732	16,966
	9. ミャンマー	8,116	15,856
	10. 米　　国	1,648	13,535

年	国	輸入量と輸入額	
		トン	100万円
2014	1. 中　　国	804,543	2,267,354
	2. ベトナム	86,245	281,576
	3. インドネシア	33,648	91,000
	4. イタリア	2,220	85,203
	5. バングラデシュ	29,628	67,909
	6. ミャンマー	21,564	59,513
	7. タ　　イ	13,604	51,057
	8. カンボジア	16,208	49,915
	9. イ ン ド	6,938	26,969
	10. 米　　国	1,419	18,235

(注1) ニット製衣類・布帛製衣類・付属品の合計。
(注2) 順位は合計金額ベース。
(出所) 日本繊維輸入組合資料より作成(元データの出所は日本貿易統計)。

ドの製造拠点となっています。

　日本は一貫して中国から大量の衣料品を輸入してきました。2000年以降の輸入量と輸入額を見ると、いずれも中国が断トツでトップです。2014年の輸入量は約80万トン、輸入額は約2兆2700万円で、2位のベトナムのそれぞれ9倍と8倍です(表1参照)。

　なお、中国の人件費は21世紀に入って、ベトナム、カンボジア、バングラデシュ、インドといった周辺国に比べて高くなっています。そのため、こ

れら周辺諸国への投資が増えていますが、中国の衣料品産業は競争力を失っていません。それは、30年以上の経験に加えて、輸送システムが優れており、品質管理・経営・製造技術が進んでいるためと言われています。

「世界の縫製工場」とも言える中国で、衣料品関連の労働者の権利が十分に守られているかは、とても重要な問題だといえるでしょう。

ユニクロは日本最大の衣料品企業

今回のプロジェクトで私たちが調査対象としたのは、ユニクロの中国委託先工場です。ユニクロは日本ではおなじみのファストファッションブランドで、ヒートテックやエアリズムなど多くの人たちが購入している低価格商品を製造・販売しています。

世界的にみても「ファストファッション時代の新星」と言われ、低価格で高品質なカジュアルウェアを提供し、高い利益をあげて、急速に成長してきました。アメリカ、イギリス、フランス、オーストラリア、ドイツ、中国、ロシアなどの国ぐにの主要都市のほぼすべてに店舗があり、その数は1000店舗以上と言われています。店舗はアジアにも多く、とくに中国で増やしてきました。

そして、ユニクロの親会社ファーストリテイリング社は、「国際市場基盤を成長させる」という目標をかかげ、1999年2月には東京証券取引所一部に上場、さらに、2014年には香港証券取引所に上場しました。世界的な店舗展開によって、売上高は2014年が1兆3829億円、15年は1兆6817億円となり、営業利益は14年が1304億円、15年は1644億円に達しています[4]。

ファーストリテイリング社は日本の企業ですが、国内には工場を保有していません。世界各国に約70社の製造取引先をかかえ[5]、70％は中国で製造

---

(4) ユニクロ売上高国際会計基準 http://www.fastretailing.com/jp/ir/financial/past_5yrs.html
(5) ファーストリテイリング社「CSR REPORT2014」2014年、8ページ。

していると報告されています(6)。ただし、委託工場がどこにあるかのすべてを公表していないため、全容は明らかではありません。なお、2015年のCSRレポートによれば、2014年度時点で、22の国・地域で8万9580名の従業員が働いているとされます(7)。

「Lifewear(ライフウェア)」はユニクロが2013年に発表した新しいコンセプト。その哲学は「服でよりよい人生を、誰にでも、いつでも("Clothes for a better life, for everyone, every day")」です。

しかし、ここで考えてみましょう。通常、品質を低下させずに生活必需品を安く製造するためには、人件費を安く抑えなければならないはずです。果たして、ユニクロの下請け工場や委託工場で労働者の権利は尊重されているのでしょうか。

2014年のCSRレポートにおいて、代表取締役会長兼社長の柳井正氏は、世界を良い方向に変え、「ビジネスを通じて世界中の人々の生活をより豊かにし、社会をより良い方向に変えていきたい」と強調しました。では、下請け・委託工場の労働者たちの「生活はより豊か」になっているのか、彼らの労働環境をきちんと調べる必要性を私たちは感じました。

不十分な労働環境モニタリング

ファーストリテイリング社の取引業者には、同社の行動指針(Code Of Conduct)の遵守を約束する同意書を提出することが義務付けられています。行動指針に含まれているのは、法令順守、児童労働の禁止、時間外労働の制限、結社の自由、健康と安全、差別の禁止などです。

CSRレポートでは、パートナー生産工場の労働状況や生産工程のモニタリングが企業の社会的責任を達成するために重要だと書かれ、労働環境に関しては「事前モニタリング(Pre-contract monitoring)」「定例モニタリング(regular monitoring)」「モニタリングの評価(factory grading system)」の3つの仕組みを説明(8)。労働環境モニタリングで得られた結果が、次の5つに分かれて記載されています。

「A 指摘事項なし」
「B 軽微な指摘事項が1つ以上」
「C 重大な指摘事項が1つ以上」
「D 極めて重大な指摘事項が1つ以上」
「E 即取引関係見直し対象に値する極めて悪質かつ深刻な事項」

　このレポートを読んだ人は、下請け業者は厳正に選ばれ、労働環境についても細かい監査が行われ、その結果が公表されているという印象をもつかもしれません。

　ところが、レポートをよく見ると、A〜Eに該当する工場の数が示されているだけです。監査結果が十分に公表され、すべてが透明になっているとは、到底言えません。

　たとえば2013年度は、「C 重大な指摘事項が1つ以上」が97工場、「D 極めて重大な指摘事項が1つ以上」が48工場もあり、「E 即取引見直し対象に値する極めて悪質かつ深刻な指摘事項」も4工場あると記されています[9]。ところが、どのような問題が起きて、どう是正しようとしているのかは、明らかになっていません。また、2015年のCSRレポートでは、労働環境モニタリングの結果として、わずか3件の具体例が記載されているにとどまっています[10]。

　これでは、下請け業者の不正行為が存在しても、消費者や社会に対して詳細が開示されないのではという疑念を抱かざるを得ません。

調査する委託先工場の選定

　2014年の初めから、SACOMは中国の衣料品産業とユニクロの製品供給

---

(6) http://prd01-tky-web-main-fastretailing-62349252.ap-northeast-1.elb.amazonaws.com/eng/group/strategy/uniqlobusiness.html
(7) ファーストリテイリング社「CSR　REPORT2015」2015年、7ページ。
(8) ファーストリテイリング社「CSR　REPORT2014」2014年、13ページ。
(9) ファーストリテイリング社「CSR　REPORT2014」2014年、13ページ。
(10) ファーストリテイリング社「CSR　REPORT2015」2015年、14ページ。

について事前調査を開始。情報の収集・分析の結果、ユニクロの製造を請け負う広東省の委託企業2社を対象に決めました。

実際に調査を行ったのは、広東省広州市番禺区(パンユー)にある製造工場のPacific Textiles Holdings Ltd.(以下「Pacific」)(11)と、Luen Thai Holdingsグループに属し、広東省東莞市(ドングァン)にあるDongguang Luen Thai Garment Co., Ltd.(以下「Luen Thai」)(12)。いずれもユニクロにニット生地とアパレル製品を供給している、香港資本の会社です。

Pacificは、ファーストリテイリング社と17年にも及ぶ取引関係のあるクリスタルグループの主要衣料製造業者です。1997年に設立され、2007年5月に香港証券取引所に上場しました。本社機能は香港にありますが、製造拠点は広州市番禺区で、約29万4400㎡の作業スペースを有しています(13)。織り、染め、プリント、縫製を一貫して請け負い、製造能力は8700万kg。製造部門では6500人を超える労働者が働いているとされています(14)。

Luen Thai Holdingsは中国のアパレル産業をリードする多国籍企業で、1993年に設立されました。カジュアル衣料品、ファッション衣料品、靴、アクセサリーなど毎年1億3100万種類以上の製品を製造しています。年間売上額は120億ドル以上、全世界で雇用している労働者は約4万5000人とされています。製造拠点は中国、フィリピン、インドネシア、カンボジア、ベトナムおよびインド、営業・デザイン・物流オフィスがアメリカ、ヨーロッパに置かれています(15)。2013年には、賃上げと労働環境の改善を求めるストライキがあったことが、労働者への質問調査から明らかになりました。

なお、ファーストリテイリング社は、調査報告書の発表を受けて2015年1月15日、ウェブサイト上で「Dongguan Tomwell Garment Co., Ltd.(16)は、中国広東省でユニクロ商品の縫製を請け負う縫製工場」といい、Pacificについては「Pacific(PanYu)Textiles Limited社は、縫製工場に素材を提供する素材工場です」と説明しています(17)。

2　手法は潜入調査

　工場を覆う厚い壁

　バングラデシュの調査でも痛感しましたが、NGOにとって工場の労働環境調査はとても困難です。工場は高く厚い門によって閉ざされており、許可なしには入り込むことができません。NGOやジャーナリストが下請け工場で何が起きているか実態調査をしようとしても、まず許可はおりません。

　たまに許可してくれるのは、自社を優良企業とアピールしたい目的での、比較的労働環境がよさそうに見える工場。しかも、事前通告のうえですから、日常的な労働環境と同じわけではないし、労働者への直接インタビューも許されません。これでは、真実はわかりません。

　そこでSACOMは、しばしば潜入調査という手法を採用してきました。調査員が工場で数カ月にわたって働き、労働者と生活をともにして、仕事の合間に工場の様子を調べるという方法です。潜入調査を行うのは工場労働者の環境を改善したいという意欲にあふれた若者や学生で、数人でチームを組みます。私たちは、ユニクロの委託先工場についても、この潜入調査が有効だと判断しました。

---

(11) http://www.pacific-textiles.com/businesses_facilities.php?id=1
(12) http://dongguanliantai.en.made-in-china.com/
(13) Manufacturing Facilities, Business, Pacific Textile Holdings Ltd. Textiles Holdings, at http://www.pacific-textiles.com/businesses_facilities.php?id=1
(14) Corporate Profile at http://www.Pacific Textile Holdings Ltd.-textiles.com/aboutus.php
(15) http://www.cottonusasupplychain.com/member-mills?millid=617
(16) ファーストリテイリング社はLuen Thai社をTomwell社と呼んでいる。
(17) ファーストリテイリング社「中国のユニクロ取引先工場における労働環境の改善に向けた弊社行動計画について」2015年1月15日付『CSRアクション』。http://www.fastretailing.com/jp/csr/news/1501150900.html

聞き取り調査を重ねる

　こうして、ヒューマンライツ・ナウ、SACOM、LACの3団体は、中国におけるユニクロの委託先縫製工場の労働環境について、2014年の7〜11月に実態調査を行いました。

　7月と8月は潜入調査を行いました。労働環境に関する情報をもっとも近いところで収集するため、SACOMの調査員が2社の工場で一般労働者として働きました。そのかたわら、労働契約、賃金明細、就労時間記録、労働規定・規則、罰金などの情報を集め、書類などの証拠も収集。あわせて、寮や、レストラン、売店などを含む工場の近くで、約30回の聞き取り調査も行いました。工場における仕事の工程は2工場とも共通で、織物部門、染色部門、裁断部門、裁縫部門、アイロン部門に分かれています。簡単に紹介しましょう。

①織物部門	経糸（たていと）に緯糸（よこいと）を交差させて織る。織り機の上に取り付けられたビームという横棒の間に、経糸が張られる。織り終わった生地は、点検を受ける。
②染色部門	染める生地に付着している汚れを落とし、化学物質と染料が加えられる。脱色にかかる時間と工程は、色と生地によって変わる。染色された生地は、品質管理者にチェックを受ける。プリントが必要ない生地は、最終工程へ運ばれる。
③裁断部門	生地が正面、背面、袖などのパーツに裁断される。大量生産では複数の生地の層が机の上に並べられ、同時に裁断される。
④縫製部門	品質管理がもっとも厳しく行われる工程。さまざまなスタイルに合わせた裁縫用ミシンが大量に導入されている。たとえば、単針、二針、刺繍、自動メーター、自動マルチ刺繍、ポケット付け、ボタンホール付け、自動ボタン付けなど。
⑤アイロン部門	生地の表面をアイロンの蒸気で整え、裾をたたみ、平らなパーツの形を整え、次々と積み上げていく。アイロンがけとしわ伸ばしの機器によって伸縮性の高い状態にし、形を調整する。生地の種類によって、水分量、表面部の圧力、温度と作業時間が変わる。

SACOMの聞き取り調査に応じてくれたのは、Pacificの染色部門と倉庫で働く労働者と、Luen Thaiの織物、縫製、裁断部門で働く労働者でした。さらに、一回目の潜入調査で収集した情報の内容を再確認するために、SACOMはPacificの染色部門とLuen Thaiのアイロン部門の労働者に追加で聞き取りをしました。

　また、ヒューマンライツ・ナウは東京から調査員を派遣。オフサイト調査（工場から離れた労働者の自宅などで行う聞き取り）によって、工場近くでの聞き取り内容に間違いがないかなどのチェックを含めた補充調査を行いました。さらに11月中旬には、作業現場における最新情報を得るため、SACOMの調査員が工場に二度目の潜入調査を行っています。

　聞き取り調査に応じた労働者のほとんどが、低賃金、長時間労働、作業場の劣悪な環境について訴えました。加えて、労働組合の活動が認められていないことや厳しい経営姿勢について、多くの証言をしてくれました。

3　調査報告書の公表

　こうして行った調査後、私たちは調査報告書の草案をまとめ、それをもとに、「この事実を裏付ける写真はないのか？」「書類が手に入らないか？」など、東京・香港・中国の間で膨大なやりとりと会議を繰り返しました。そして、2014年12月末に報告書を完成。15年1月11日に、SACOMが「中国国内ユニクロ下請け工場における労働環境調査報告書」をリリース。ヒューマンライツ・ナウも、13日未明に日本語版報告書をウェブサイトに公開しました（79ページ参照）。

　ユニクロに関しては、ジャーナリストの横田増生氏が国内店舗や中国の生産委託工場における過酷な労働環境を告発する著書『ユニクロ帝国の光と影』（文藝春秋、2011年）を発表しています。これに対してファーストリテイリング社は、文藝春秋に2億2000万円の損害賠償を求める名誉毀損訴訟を起こしましたが、最高裁は2014年12月9日、国内と海外の労働環境に関する記述について、「重要部分は真実と認められる」として、ファースト

リテイリング社側の上告を退けました。

　これに対してファーストリテイリング社の柳井正会長兼社長は、「過去はともあれ、現在のユニクロは、ブラック企業というのはまったくあたらない」と 2014 年 12 月の就職説明会で述べました。ところが、今回の 2 工場の調査の結果、この柳井氏の主張とは裏腹な実態が浮き彫りになったのです。

　中国の労働法規への違反がいくつも確認され、労働者の権利が深刻に侵害され、安全対策が不十分な劣悪な環境下で、過酷な労働を強いられている状況が明らかになりました。以下、調査でわかった実態について、調査報告書をもとに解説していきましょう。

4　長時間労働と低い基本給

　広州市と東莞市の平均基本月給の半分から 4 分の 1

　調査の結果、Pacific と Luen Thai で働く労働者たちが、低い基本給で、過度な長時間労働を強いられていることが判明しました。

　両工場はそれぞれ、広州市と東莞市の最低賃金である月額 1550 人民元と 1310 人民元を基本給として支払っています。しかし、両市の平均基本月給は 5808 人民元と 2505 人民元です(2013 年)[18]。両工場で支払われる基本給は、これらの半分から 4 分の 1 にすぎません。

　しかも、インフレの影響を受け、労働者たちの経済的負担は増しています。たとえば、東莞市の消費者物価指数は 2014 年 1〜9 月に 2.6% も上がりました[19]。

　こうした状況のもとで、労働者たちがなんとか生活していくためには、多くの時間外労働をしなければなりません。とくに、出来高払いの労働者にとっては、稼ぐためには可能なかぎり長く働くしかないのです。

時間外労働は 145 時間と 112 時間

　今回の調査で、Pacific と Luen Thai の労働者の平均月収は 2500〜4000 人民元であることがわかりました。つまり、時間外労働（残業）が彼らの月収における重要な一部となっていたのです。Luen Thai のアイロン部門で働くある労働者は、こう話しました。

　「すべては出来高で、何枚の服をアイロンがけできるかによって収入は変わってきます。十分な量を終えられなければ、その分稼げなくなります。一枚あたりの出来高価格は低すぎて、たいしたお金にはなりません」

　潜入調査の結果、両工場で働く労働者たちの時間外労働時間は衝撃的な多さでした。一カ月平均の時間外労働時間の合計は Pacific が 145 時間、Luen Thai が 112 時間にも及ぶことが判明したのです。

　Pacific の場合、一カ月に与えられる休みは 1〜2 日にすぎず、一人一日平均 11 時間（昼食と夕食の休憩時間を足した 1 時間を除く）働いていました。毎月平均 319 時間働いている計算になります（11 時間×29 日）。

　Luen Thai では、一カ月の労働日数は平均 26 日で、一人一日平均 11 時間働いていました。毎月平均 286 時間となります（11 時間×26 日）。

　一方、中国の労働法（正式名称は中華人民共和国労働法）第 36 条では、労働時間は一日 8 時間、週 44 時間までと定められており、中国の一カ月あたりの平均労働時間は 174 時間です（8 時間×21.75 日）。319 時間と 286 時間から、中国の平均労働時間である 174 時間を引いた結果、一カ月平均の時間外労働時間の合計は Pacific が 145 時間、Luen Thai が 112 時間になります。

---

(18) 統計は以下に基づく（ただし、記述は中国語のみ）。http://news.ifeng.com/a/20140713/41135455_0.shtmland；http://tjj.dg.gov.cn/website/web2/art_view.jsp?articleId=7726
(19) 統計は以下に基づく（ただし、記述は中国語のみ）。http://tjj.dg.gov.cn/website/web2/art_view.jsp?articleId=8126

労働者たちの証言

証言1：Luen Thaiのアイロン部門の労働者

「私は早朝から夜の10時まで働いています。11時まで働くこともあります。私は一日に600〜700枚のシャツにアイロンをかけなければなりません。でも、ユニクロから支払われるのはシャツ1枚あたりたったの0.29人民元だけです。一番忙しいときは、一日に900枚のシャツにアイロンをかけます。ときどき、日曜日も働くんですよ！ 出来高払いでは、私たちにとってあまりに低すぎます。だけど、賃上げを求めるのはあまりに困難です」

証言2：Pacific工場で12年間働く男性労働者（最近は染色部門）

「私は一カ月に4000人民元くらいを稼いでいます。私の妻もここで働いています。でも、現在高校生である子どものために多くの教育費用を支払わなくてはいけないため、この給料では不十分です。また、私は住宅ローンとして、一カ月2000人民元を返済しなくてはいけません。広東省番禺区の生活費はどんどん上がっています。私は一カ月5000人民元の給料が支払われることを望んでいます」

証言3：Luen Thaiの織物部門で4年半働く労働者

「工場の機械が止まることはありません。昼のシフトの人が終われば、夜のシフトの人が来て、作業を続けます。少なくとも12時間労働です。毎日12時間働きます」

 証拠が示す、労働法違反の時間外残業

SACOMの調査の結果、Pacific工場では、「時間外労働の任意申請書」へのサインを求められている労働者がいることも明らかになりました。写真1の「時間外労働の任意申請書」には、時間外労働時間119.5時間と記載さ

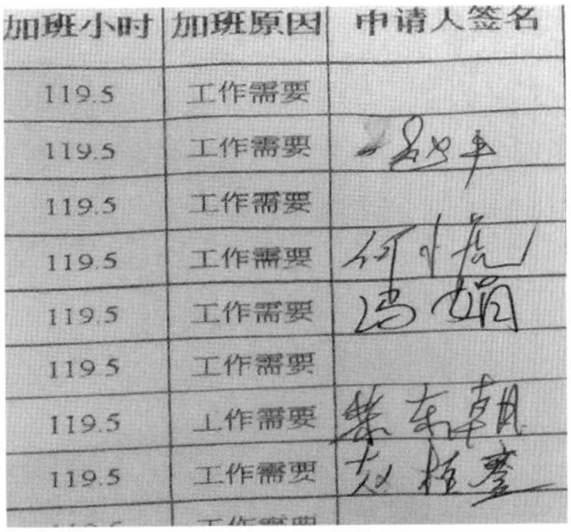

れています。申請書には、時間外労働をする理由について、「労働の必要性」と書かれていました。

　119.5時間にも及ぶ時間外労働は中国の法律に明らかに違反するので、「あくまで、時間外労働は任意に行っているのだ」ということを書類で書くよう、工場は労働者に求めていたのです。ところが、潜入調査の結果、この労働者は現実には、119.5時間よりもさらに超過した時間外労働をさせられていたことが判明しました。

写真1　「任意時間外労働申請書」には、119.5時間の時間外労働を申請すると記載されている

　また、写真2に示されているのは、休日に労働した場合の給与の計算方式です。

　中国の労働法第44条[20]は、時間外労働や休日労働について、次のように定めています。

「下記のいずれかに該当する場合には、使用者は下記の支払基準に従い労働者の通常の時間給を上回る報酬を支給しなければならない。

①労働者に勤務時間を延長させる場合、賃金の150％を下らない報酬を支給する。

②休日に勤務させ、代休を与えることができなかった場合、賃金報酬の200％を下回らない報酬を支給する。

③法定休暇日に労働者を勤務させた場合、賃金の300％を下回らない報酬を支給する」

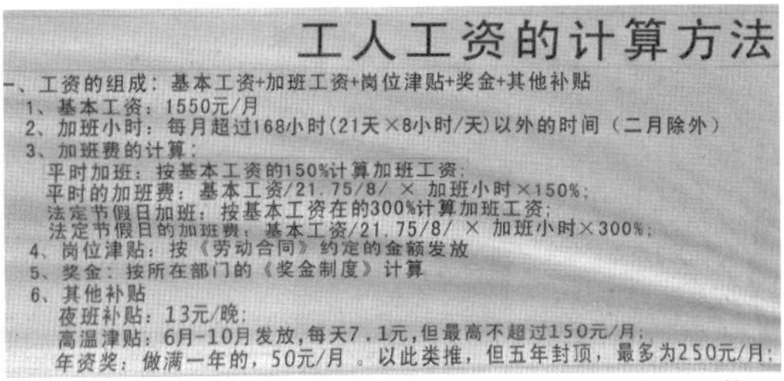

写真2　週末の時間外労働分の賃金は、基本給の2倍ではなく1.5倍となっている（3の3行目）

この規定によれば、休日

---

(20) http://www.jil.go.jp/foreign/jihou/2004_7/china_01_01.html

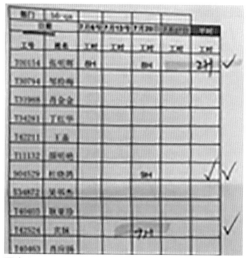

労働時の時間外賃金は基本給の2倍で計算されなくてはなりません。ところが、写真2が示すように、Pacificでは基本給の1.5倍でしか計算されていませんでした[21]。

潜入調査の結果、Luen Thaiの労働者は早朝の7時半から夜の10時まで働いたうえ、日曜日も働く場合があることが確認できました。しかも、日曜日の時間外労働と100時間を超える時間外労働の時間数は、コンピュータに記録されず、紙に手書きで記録されていることを調査員は確認しました。

写真3　Luen Thaiにおける日曜日の時間外労働は、別の用紙に手書きで記録されている

この事実は写真3が証明しています。これは、アパレル企業などが行う実労働時間に関する監査のチェックを逃れるために考案された方法と考えられます。

 明らかな労働法規違反

以上の実態は、明らかに法律に違反しています。

中国の労働法第36条では、以下のように、「一日8時間、週44時間まで」という労働時間制限が設けられています。

「国家は、労働者の一日の労働時間が8時間を超えず、週平均労働時間が44時間を超えない労働時間制度を実施する」

また、労働法第38条には「使用者は、労働者に毎週少なくとも1日の休日を保障しなければならない」と規定され、第41条には「時間外労働時間は月に36時間を超えてはならない」と明記されています[22]。したがって、

両工場の実態は、時間外労働時間に関するファーストリテイリング社の行動指針に反するばかりでなく、中国労働法にも違反しています。

たしかに、すべての労働者たちが時間外労働を強制されているというわけではないかもしれません。しかし、工場の賃金があまりにも低く、労働者自身や家族の生活を支えられないため、やむなく長時間労働をせざるを得ないという事情もあります。

PacificとLuen Thaiは、中国で長く縫製工場を営んできました。そのような安定した企業の大規模工場であっても、労働法を遵守できず、適正な賃金の保障をして、違法な時間外労働をやめさせられない状態にあることが明らかになりました。

5　きわめて危険な労働環境

潜入調査の結果、PacificとLuen Thaiの工場はいずれも、労働者にとってきわめて危険な労働環境であることが判明しました。高温、濡れて滑りやすい床、漏電、刺激臭、綿ぼこりだらけの空気、火災安全上の問題などが見つかったのです。いずれも、業務上の傷病、健康や安全性を脅かす危険性が非常に高い問題ばかりでした。

---

(21) ファーストリテイリング社は、「Pacific社は、政府の労働管理部門の認可を受け、労働時間を6カ月単位で計算する総合計算労働時間制が全従業員に適用されている。したがって、土日出勤の場合も、法定割増賃金は、報告書が指摘する2倍ではなく、平日と同じ1.5倍であり、この点について法令違反はない」と主張している(2015年1月15日付『CSRアクション』)。http://www.fastretailing.com/jp/csr/news/1501150900.html

(22) 中華人民共和国労働法第41条「使用者は、生産経営の必要により、労働組合および労働者と協議したうえで、労働時間を延長することができる。この場合、通常一日1時間を超えてはならない。特殊な理由により労働時間を延長する必要がある場合には、労働者の健康を保障する条件のもとで一日3時間を超えない範囲で延長することができる。ただし、一カ月あたり36時間を越えてはならない」。http://www.jil.go.jp/foreign/jihou/2004_7/china_01_01.html

Pacific の織物部門

①高い踏み台の上での作業

　織物部門の労働者は、約2mの高さの踏み台の上に立って、ボビン(糸を巻くための道具)に巻かれた紡績糸を織物機に装着しなければなりません。異なる紡績糸を異なる織物機に次から次へ装着する作業はプレッシャーが強いうえに、高い踏み台の上での作業は危険です。写真4がこの状況をよく表しています。

写真4　織り工程の労働者は高い踏み台の上に立つ。労働者が台からよく落ちるのを潜入調査員は目撃した

　潜入調査員は、紡績糸を織物機の決められた部分へ装着する作業中に、何人もの労働者が踏み台から落ちるのを目撃しました。こうした事故は、労働者が生産に追われ、仕事に対する強いプレッシャーを受けている場合、とくによく発生していました[23]。

　労働者は踏み台に上がり、糸を正しいところに装着しなければなりません。1つ2～3kgの重さの紡績糸やナイロンを通常44個設置します。しかも、各労働者は4～6台の織り機を同時に担当しています。そうした労働の厳しさや高い台上という作業環境では、転落事故が起きやすいのは当然です。

②極度の高温

　潜入調査員は、多くの男性労働者が上半身の作業服を着用せずに仕事していることを目撃しました(中扉写真)。女性労働者の制服も汗で濡れていました。その理由は、工場内の極度の高温でした。夏の室内気温は約38℃にまで達するのに、エアコンはありませんでした。

　この劣悪な作業現場で、労働者は糸の設置だけでなく、織り機に不具合があれば修理するなど、織物部門に関連するあらゆる問題に対処しなければなりませんでした。こうした労働環境は、労働者に多大なストレスを与えます。聞き取り調査に対して、労働者はこう答えました。

「あまりの暑さに、夏には失神する者もいる」

「まるで地獄だ」

　この状況に対して、高温手当てが支払われる場合があります。労働者によれば、手当ては一日7ドル、一カ月100〜150ドルです。しかし、労働者は高温手当てについて「実際、無意味に等しい」と語りました。彼らの苦痛に見合う金額とはとても言えないということでしょう。

③空気中のひどい綿ぼこり

　縫製部門で発生する綿ぼこりは相当な量です。

　綿ぼこりは、綿肺症[24]、職業喘息、呼吸不全などを引き起こす危険があります[25]。綿ぼこりに慢性的に晒されれば、慢性閉塞性肺疾患[26]にかかり、若年死する危険性もあります。綿肺症は致死的な病気であり、綿ぼこり

---

[23] ファーストリテイリング社は、「踏み台からの転落事故の頻発に関しては、2014年6月に従業員向けの安全性に関する研修を行うとともに、機械に手すりを設置しており、以降転落事故は発生していない」と主張している(2015年1月15日付『CSRアクション』)が、私たちの調査結果と明らかに食い違っている。http://www.fastretailing.com/jp/csr/news/1501150900.html

[24] 綿、亜麻、麻などを扱う労働者がかかりやすい病気。気管支の収縮を特徴とし、呼吸困難や胸部の圧迫感を引き起こす。

[25] Why Dust is a problem, Health and Safety Executive, at http://www.hse.gov.uk/textiles/dust.htm

[26] 肺の中の空気の通り道である気道が炎症により塞がってしまう病気。

への暴露との直接的な因果関係が認められています[27]。

　さらに重要な問題は、工場の空気中に蔓延している一定以上の細かい塵です。こうした塵が火を使用する設備の近くにたちこめていると、粉じん爆発が起きる可能性もあります。

　綿ぼこりには、他の可燃性物質とともに、発火して爆発する危険性があり、1987年には黒竜江省ハルビンにある繊維工場で、死者58人、けが人177人という大規模な粉じん爆発が発生しました。2014年にも、広東省にある工場のアクセサリー製造現場で粉じん爆発が発生しています。作業場における空気中の大量の綿ぼこりは、無視できるような些末な問題では決してありません。

 Pacificの染色部門

① 高温と不十分な安全設備

　染色部門では、労働者は染料タンクのすぐ近くで作業していました。しかし、染料タンクは運転時に非常に高温になり、100～135℃まで達する場合もあるほどです。室温は38～42℃に達するため、労働者はよく上半身裸で作業しています。

　高温の染料タンクのそばで作業しているにもかかわらず、染料タンクに囲いはありません。したがって、やけどやけがのリスクがかなり高く、作業環境はきわめて危険です。

　労働者は染料タンクのそばに立って、タンクから重い生地を取り出さなければなりません（写真5）。また、写真6が示すようにタンクから取り出した生地を運ぶ必要があります。これも大変な重量です。

② 排水で濡れた床

　潜入調査員はさらに、排水が作業現場全体にあふれていることを確認しました。そのため床が滑りやすく、転倒などによる深刻な労働災害を引き起こす危険性がありました。ところが、こうした状況は放置されたままでした。

 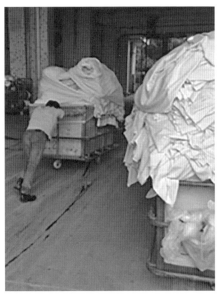

写真5(左)　上半身裸の労働者が、染料をタンクに入れている。高温のタンクに事故防止対策は取られておらず、労働者も防護装備をつけていない
写真6(右)　労働者は非常に重い生地を一人で運ばなければならない

機械は漏電の潜在的な危険性があり、床に排水があふれていれば感電しやすいので、とくに危険です。

聞き取り調査を行った調査員によれば、2014年7月には仕上作業場で、機械からの漏電によって労働者が死亡する事故があったそうです[28]。にもかかわらず、その後も明確な対策は講じられていません。

また、潜入調査員は排水処理設備の近くに非常に不快な臭気が漂っていることを確認しました。この異臭は、近くの寮やアパートに住んでいる労働者の生活にも影響を与えかねません。50〜51ページの写真7〜9は、作業現

---

(27) Occupational Safety and Health guideline for Cotton Dust, US Department of Health and Human Service, at http://www.cdc.gov/niosh/docs/81-123/pdfs/0152.pdf
(28) ファーストリテイリング社は、「機械からの漏電による死亡事故に関しては、弊社の聞き取り調査では病死との情報が得られた」と主張している(2015年1月15日付『CSRアクション』)。http://www.fastretailing.com/jp/csr/news/1501150900.html

場の深刻な排水問題を表しています。

③　刺激性の臭気と化学物質の潜在的リスク

Pacificの工場では、生地を染めるために、さまざまな種類の化学物質、溶剤、染料、顔料(29)などが使われています。潜入調査員は、作業現場に非常に強い刺激臭が立ち込めていることを確認しました。ところが、換気設備はまったく機能していません。

染色工程で使用されている溶剤は写真10に示されているとおり、多数にのぼります。また、52ページの写真11からは、A569 PTEGやA203 PT200というラベルが貼られた物質

写真7　滑りやすく危険な床。労働災害のリスクが高い

写真8　排水が作業現場全体にあふれている

写真9　ここでも、排水が作業現場全体にあふれている

には、刺激が強く有毒な化学物質が含まれていることが確認できます。

　PTEGは繊維を脱脂するための薬品です。ラベルには「目や肌に対する刺激が強い」という趣旨が表示されています。もし労働者が吸引すれば、有毒物質を体内に取り込むことになるでしょう。

　PT200は必要な染料の量を調節する薬品で、繊維に均等に吸収されます。写真11を見ると、この薬品のラベルにも「目や肌には強い刺激性がある」という趣旨が表示されています。

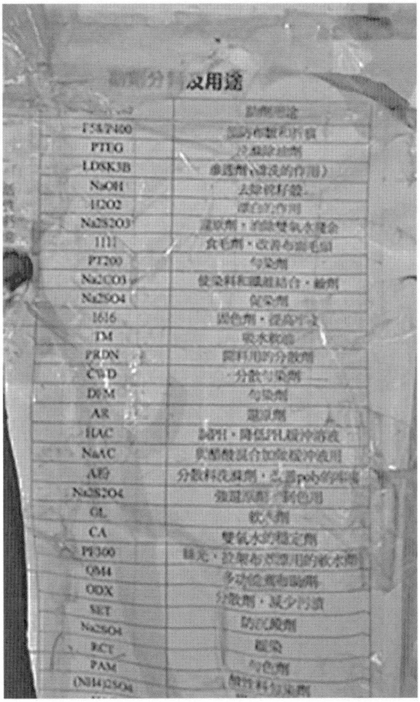

写真10　染色工程で用いられている溶剤のリスト

(29)　着色に用いる粉末で、水や油に溶けない。

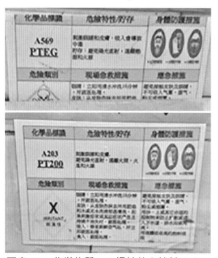

写真11 化学物質への慢性的な接触によって、健康への被害がある

工場側は、労働者にマスク、グローブ、専用スーツなどの防護キットを必要に応じて提供しているとされていました。しかし、防護キットを使用するかどうかの最終的判断は労働者自身に委ねられています。室温40°に達する染色現場に勤務する労働者が防護キットを着用することは、事実上不可能です。着用すればさらに地獄のような労働環境になることは、想像に難くありません。

結果的に、こうした防護キットはほとんど使われていないようでした。ある労働者は、調査員の質問に答えました。

「工場はあらゆる規則を持っているが、それらを実行に移すかどうかは別の問題である。労働者のなかには防護キットを身に付けない者がいるが、それは作業の際に不便なためだ。彼らは、染色に使われる化学物質の危険性に対する認識が十分にないように思える」

また、室内が高温であるため、マスクを着用していない労働者が多く見られました。労働者は刺激臭のする労働環境で、効果的な対応策もなしに、毎日少なくとも11時間以上の作業を強いられていたのです。

写真12 化学物質は積み上げられているだけで、適切に保管されていない

しかも、労働者は床が滑りやすいため雨靴を着用する一方で、上半身は裸、素手で作業をしています。

さらに深刻なことに、写真12のように化学物質は整理整頓されず、適切な管理もされていません。工場内に雑然と容器が置かれた状態です。そして、毒性のある化学物質が

保管されている部屋にも、排水が流れ込んでいました。

Luen Thai の裁断・縫製部門──不十分な排気設備と大量のほこり

　Luenthai でも、労働環境は劣悪な状況でした。裁断部門と縫製部門は、やはりほこりが非常に多く、裁断と縫製によって発生する綿ぼこりは、空気中だけでなく、機械のまわりにも密集しています。

　集中空調設備はあるものの、常に電源が塞がれていることを潜入調査員は確認しました（写真 13）。これでは、ほこりと生地の破片を取り除くことはできません（写真 14・15）。

　ある労働者は、「毎日の作業後には、鼻と手がほこりと生地の破片にまみれている」と訴えました。また、デニムシャツの縫製担当者の手は青く染まっていました（写真 16）。

写真 13　集中空調設備は塞がれ、ほこりだらけ

写真 14（左）　写真ではわかりにくいが、機械は、ほこりにまみれている
写真 15（中央）　ほこりが多く整理整頓もされていない裁断部門の作業現場
写真 16（右）　写真ではわかりにくいが、とくに右手の指が青く染まっていた

Pacificと同じように、これほどほこりが多ければ、労働者の健康への悪影響が生じる危険性があります。労働者の健康・安全は危険な状況に置かれていました。

Luenthaiのアイロン部門——劣悪な労働環境における過重労働

アイロン部門の労働者は、立って仕事することを強いられています（写真17）。作業に集中させるためという理由です。長時間にわたる立ちっぱなしの労働で、労働者は激しい疲労を感じていました。

さらに、写真18からもわかるように、アイロンは非常に高温になるうえに、生地からほこりが発生し、良好な労働環境とはとても言えません。労働者には工場からマスクすら支給されないので、裁断部門などからマスクを入手していました。

写真17（上）　立ってアイロンをかけることが義務付けられている
写真18（左）　アイロンの温度は200℃を超えていた

6　厳しい管理体制と罰則システム

　調査を行った2つの工場は常に、製品の品質と納期について非常に気にかけていました。品質と納期に関するユニクロからの強いプレッシャーが、労働者の肩に大きくのしかかっていました。その結果、求められる品質を満たさない製品を生産した場合などに罰金を科す制度が横行し、労働者に悪影響を与えていました。

Pacific 工場の罰則規定

　Pacific には58もの罰則規定が存在していました。そのうち41は罰金を含んでいました。罰金は品質のみならず、労働者をコントロールする手段としてもしばしば使われていました。

　こうした罰則規定は作業分野ごとに異なり、工場の労働規程には明記されていません。なかには写真19のように、作業場の掲示板に示されているだけの規定もあります。このような懲罰による管理方法が、明確な規定もないまま不透明なやり方で横行すれば、労働者はますます弱い立場に追いやられます。

　たとえば織物部門では、製品の品質保持のために重い罰金制度が採用されていました。商品に品質上の欠陥が見つかったり、織り機によごれがあったりした場合、一日の生産ノルマを達成した際に出される割増金から罰金が差し引かれていたので

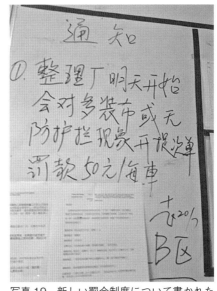
写真19　新しい罰金制度について書かれた掲示板

第3章●ユニクロの中国委託先工場の過酷な労働　55

す。罰金額は行為によって異なりますが、50〜100人民元でした。たとえば食事休憩時間以外に昼寝した場合は、100人民元です。

罰金徴収の際は労働者の署名が求められ、罰金証明書(写真20・21)に対象となった行為と罰金額を記入します。この証明書には次のように書かれていました。

「私の行為に非があったことを認め、罰を受け入れ、二度と繰り返さないことを誓います」

均衡性と妥当性が疑われる Luen Thai の制裁措置

Luen Thai にも罰金制度を用いている部門がありました。

聞き取り調査に応じた労働者は、明確な規則に基づくものかわからないものの、厳しい処罰を受けた経験を調査員に語りました。本来であれば袖を1枚ずつアイロンがけする決まりですが、効率をあげるために2枚の袖を同時にかけようとしたところ、見つかったそうです。その後は通常どおり働いたにもかかわらず、1日分の給料をすべて差し引かれたと、訴えました。

また、工場で長く働いている労働者は、聞き取り調査に対し、ユニクロを含む国際ブランドの人間が品質検査のため、頻繁に製造現場を訪れると教えてくれました。

「ユニクロからの視察者は毎週火曜日と木曜日に訪れる」(アイロン部門で働く労働者)

「ユニクロが求める品質の条件はとても厳しい」(縫製部門の労働者)

少しでも問題があった場合、ユニクロは製造責任者を追及し、その製造責任者はすぐに労働者たちを責めると言います。そして、工場は問題があったことを理由に、罰金として50〜100人民元を給料から差し引くというのです。こうした罰金制度について、労働者たちは詳しい説明をまったく受けていません。

この労働者はさらに、ブランド側が視察に来るときは決められた防護キットを身につけ、静かにしているよう命じられる、とも話しました。そして、

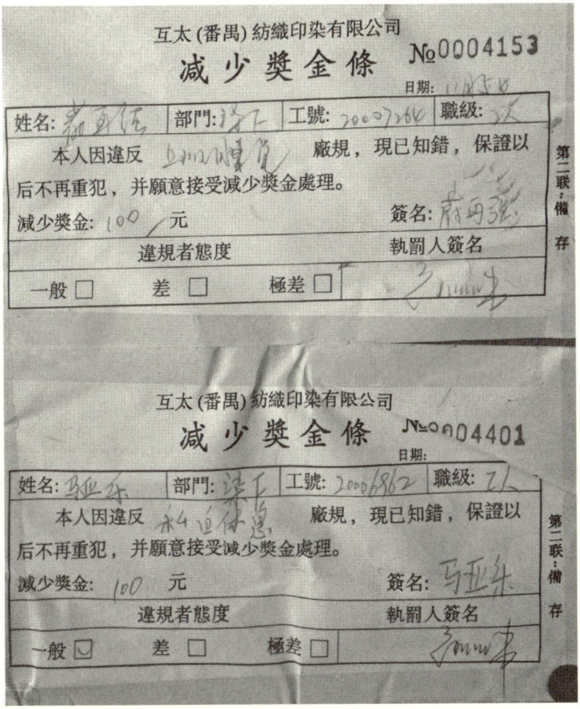
互太(番禺)紡織印染有限公司
減少獎金條 №0004153
日期:
姓名: 部門: 工號: 職級:
本人因違反 廠規，現已知錯，保證以
后不再重犯，并願意接受減少獎金處理。
減少獎金: 100 元 簽名:
違規者態度 執罰人簽名
一般☐ 差☐ 極差☐
第二联：備存

互太(番禺)紡織印染有限公司
減少獎金條 №0004401
日期:
姓名: 部門: 工號: 職級:
本人因違反 廠規，現已知錯，保證以
后不再重犯，并願意接受減少獎金處理。
減少獎金: 100 元 簽名:
違規者態度 執罰人簽名
一般☑ 差☐ 極差☐
第二联：備存

写真 20 「私の行為に非があったことを認め、罰を受け入れ、二度と繰り返さないことを誓います」と書かれた罰金証明書

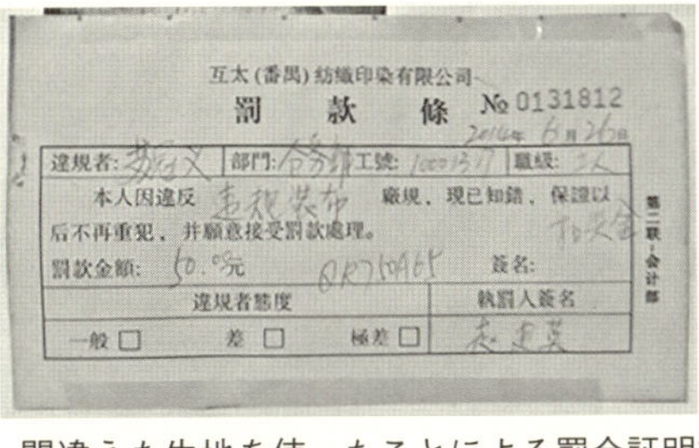
互太(番禺)紡織印染有限公司
罰款條 №0131812
違規者: 部門: 工號: 職級:
本人因違反 廠規、現已知錯、保證以
后不再重犯、并願意接受罰款處理。
罰款金額: 50.00元 簽名:
違規者態度 執罰人簽名
一般☐ 差☐ 極差☐
第二联：會計部

写真 21 間違えた生地を使ったことによる罰金証明書（潜入調査では、これら以外にも多数の証明書を入手した）

来訪に合わせて床を掃除するそうです。

このほか、聞き取り調査で、8分遅刻すると2時間分の給料が差し引かれると話した労働者もいました。

労働契約法などに違反

中国の労働契約法(30)には、雇用主が労働者に対して罰金を科すなどの懲罰を与える権限を認める規定は存在しません。同法第4条の規定を引用しましょう。

「使用者は、法律に基づき労働規則制度を確立・整備し、労働者が労働者としての権利を享受し、労働の義務を履行することを確保しなければならない。使用者が報酬、勤務時間、休憩・休暇、労働安全衛生、保険福利、従業員研修、労働紀律および労働ノルマ管理など、労働者の密接な利益に直接関わる規則制度または重要事項を制定、改正または決定する場合は、従業員代表大会または従業員全体で討議し、方案および意見を提出し、労働組合または従業員代表と平等な協議を経て確定しなければならない」

2つの工場での罰金制度はこうした手続きを経ずに経営側が勝手に制定したものであり、労働契約法に違反する疑いが高いと言えます。

さらに、広東省労働管理法(31)第51条は、以下のように規定し、法的根拠のない罰金や給与天引きは許されないことを明らかにしています。

「省の雇用・社会保障部は、罰金を含む取り決めや規則、および規定または法的根拠のない給料の天引きを行った事業者に対し、是正を命じ、警告を与えなければならない」

ところが、2工場では、こうした法律に明らかに反して、労働者の管理方法の一つとして罰金制度が用いられていたのです。

7　代表者をもたない労働者

これまで述べられてきた法令違反や懲罰的な管理体制については、本来なら民主的な労働組合を通じ、労働者の代表が改善を要求できます。ところが、潜入調査した2つの工場では、労働者が労働環境への懸念や不満などについて使用者側に訴える実効性のある仕組みが整っていませんでした。

Pacific 工場の労働組合

　Pacificでは労働組合は存在するものの、代表は職場の総監督責任者でした。そのため、労働組合は労働者の利害を反映しえない機関であり、頼ることができない存在となっていました。

　中国労働組合法(32)第9条では、「各級労働組合執行部は、労組大会あるいは労組代表大会により民主的に選出する」と規定されています。また、企業労働組合主席選出弁法第6条は「企業行政責任者(行政副職を含む)、パートナーおよびその近親族、人事の責任者労働者は、本企業の労働組合主席候補者としてはならない」と定め、さらに、広州市における中華人民共和国労働組合法施行令第7条は「各部署の監督責任者は労働組合議長や副議長になってはならない」と定めています。Pacific 工場の労組の体制はいずれの規定との関係でも問題だと言わなければなりません(33)。

　こうしてPacificの労働組合は、労働者にとって信頼しうる組織、つまり、労働者の利害を反映し、権利を獲得するために企業と交渉したり、労働争議を行ったりする組織として機能できない状態だったのです。Pacificの労働組合は、単にレジャーや福利厚生のための組織にとどまっていました。

　調査員が労働者から聞いた話によれば、Pacificでは2009年に、仕上げ工程部門の労働者が低賃金の待遇に対して小規模なストライキを行いました。参加した労働者が賃金の引き上げを求めると、使用者側は暴力団を雇い、労働者に暴行を加えるなどして鎮圧しようとしたそうです。また、数年前にも13〜15人の労働者が、作業場の耐えがたい高温に対してストライキを起こ

---

(30) 正式名称は中華人民共和国労働契約法。https://www.jetro.go.jp/ext_images/world/asia/cn/law/pdf/labor_02.pdf
(31) Regulations of Guangdong Province on Monitoring Labour Protection
(32) https://www.jetro.go.jp/world/asia/cn/law/pdf/labor_04.pdf
(33) ファーストリテイリング社は、「組合長による管理部門長の兼務に関して、現在Pacific 社の組合長を務めるのは会社の総務部門の担当者であるから、組合関連法規の違反にはならない」と反論している (2015年1月15日付『CSRアクション』)。http://www.fastretailing.com/jp/csr/news/1501150900.html

しましたが、工場側は労働者代表と積極的にストライキに参加した労働者を解雇したといいます。

二つのストライキの結果から、経営側が労働者の団結権に否定的であることは明らかでした。

 ## Luen Thai に労働組合は存在しない

Luen Thai でも状況は似ています。工場レベルでは、労働組合は存在しません。代わりに労働者委員会と労働関係課があるものの、労働者の意見を発信するための効果的な役割は果たせていません。

工場のアイロン部門では小さなストライキが何度も行われたものの、そのたびに管理側に制圧されました。

これらに共通する本質的な問題は、労働環境について労働者自身が声をあげて伝えられるシステムがないということです。労働者が工場側と対等な立場にたって、労働条件の改善を要求し、交渉できる状況にはありませんでした。

8　調査の結果と勧告

私たちの調査から、2つの工場は労働環境について主に4つの大きな問題があることが確認できました。
①低い基本給と長時間労働
②危険な労働環境
③厳しく懲罰的な労務管理
④代表者をもたない労働者の存在

なかでも、職場の安全に関する問題は深刻です。労働者の健康は非常に危険な状況にあり、早急な改善が求められています。

そこで、SACOM とヒューマンライツ・ナウは、製造業者とファーストテイリング社に対し、以下の改善を求めました。

(1) 製造業者2社に対する勧告
　①中国労働法に基づき、最低でも週に1日以上の休日を労働者に与え、月の時間外労働時間を36時間以内におさめること。
　②労働者の健康と安全に関して、適切な訓練、保護、健康診断を提供すること。
　③中国労働法の規定に従い、残業代を支払うこと。
　④労働者の尊厳を守るため、経営方式を変革すること。
　⑤労働者が定期的に休憩を取ることができるようにすること。
　⑥製造工程で用いられる有害な化学物質から労働者の健康を守るため、必要なすべての対策を講じ、その対策と実施状況を公表すること。

(2) ファーストリテイリング社に対する勧告
　①サプライヤーに対して適切な援助をし、労働環境の改善を促すこと。
　②企業の社会的責任に関するファーストリテイリング社のポリシーを遵守すること。
　③サプライヤーが直接、民主的な労働代表を選任できるようにサポートすること。
　④製品のサプライヤーに関する情報を開示し、透明性を維持すること。

カンボジアの縫製工場で何が起きていたのか

カンボジア　生活できる賃金を求めてデモに参加した労働者が惨殺されて1年、祈りをささげる(2016年1月)

1　極端に安いカンボジアの最低賃金

　東南アジア諸国にも、日本や欧米の有名ファッションブランドの衣類や靴を製造する工場がたくさんあります。2014年の日本の衣類輸入金額をみると、2位ベトナム、3位インドネシア、6位ミャンマー、7位タイ、8位カンボジア（32ページ表1）。ベスト10のうち、実に5カ国が東南アジア諸国です。

　なかでも、カンボジアからの衣類の輸入は急増しています[1]。カンボジアの人口は約1500万人。衣料品の製造に従事している労働者は50万人以上で、その90％が若い女性です。衣料品を含む縫製品が、輸出全体の約80％を占めています。

　衣料品製造工場の多くは、ユニクロ、Gap、H&M、ナイキなどの国際ブランドの下請け・委託工場です[2]。しかし、国際ブランドは競争を勝ち抜くために安価な価格を最優先にする傾向が強いため、カンボジアの工場でも、労働者の生活や権利が後回しにされる傾向にあります。縫製工場労働者の最低賃金は、2013年12月まで、月額80ドル（当時のレートで8240円）という安さでした[3]。

　2013年の12月、労働者たちは最低賃金を月額160ドルに倍増することを求めて行動を起こします。デモやストライキが、首都プノンペンの南東約170キロにあるバベット地区で始まりました。多くの労働者がこれに共感し、デモはカンボジア全土に広がっていきます。

　カンボジア政府は、縫製産業・織物産業・靴産業の労働者に関する最低賃金を2013年12月31日に100ドルに引き上げると発表しましたが、労働者は満足せず、デモを続けました。これに対して政府は2014年1月初め、プノンペンで縫製労働者が行ったデモに治安部隊を出動させ、暴力的に鎮圧したのです。治安部隊の暴力によって、少なくとも4人が死亡し、39人が負傷。さらに、多くの参加者が逮捕・拘束されました。

　あまりにも暴力的なデモの弾圧に対して、国際社会は強く批判。カンボジ

アの労働者の置かれた実情に世界が注目し始めました。カンボジア政府は、約束した最低賃金100ドルへの引き上げを実施。その後、さらに128ドルに引き上げました[(4)]。

しかし、これでも都市で生活できる水準の賃金にはほど遠いため、労働者は長時間残業を余儀なくされています。労働組合が求めているのは、160ドル以上の生活賃金(生活が成り立つ賃金)です。また、労働問題を取り扱うNGOなど市民グループは、国際ブランド各社に対し、公正な賃金を保障するための協定を工場との間で締結するように求めています。

一方、縫製産業・織物産業・靴産業の労働者以外には、最低賃金が定められていません。彼らが労働者としてきわめて脆弱な立場で、より劣悪な労働環境におかれていることは想像に難くありません。

2 縫製工場の労働者への聞き取り調査

ヒューマンライツ・ナウは、2015年2月8～12日にカンボジアに調査団を派遣し、縫製工場の労働環境の実態を調査しました。カンダール州(プノンペンを取り囲む州。海外資本の大きな工場が多く、国内各地から多くの人びとが働きに来ている)にある3工場(①～③)とプノンペン市内の1工場(④)の労働者にインタビューを実施。契約書や身分証、ブランド・タグ(表示)、裁判(仲裁)関連資料なども確認しました。

聞き取りの対象となった縫製工場と主な取り扱いブランドは、以下のとおりです。

---

(1) 日本繊維輸入組合の資料によると、2013年の輸入額は約289億円、2014年は約499億円で、1.7倍に増加。
(2) https://www.cambodiadaily.com/news/cambodia-garment-sector-small-fry-for-suppliers-66677/；http://hrn.or.jp/activity2/cambodia_statement.pdf); Cambodia Factsheet February 2015, Clean Clothes Campaign, at http://www.cleanclothes.org/resources/publications/factsheets/cambodia-factsheet-february-2015.pdf/view
(3) 通貨単位はリエルだが、最低賃金はドルで表記される。
(4) http://www.phnompenhpost.com/national/minimum-wage-set

①フル・フォーチュン・ニッティング有限会社(Full Fortune Knitting Ltd.)

　労働者約 550 人(繁忙期)。その後、約 100 人を解雇または契約更新拒絶。主な取り扱いブランドは GU(ジーユー)。20 代の女性労働者から聞き取り。

②エコ・ベースファクトリー有限会社(ECO BaseFactory Ltd.)

　労働者約 600 人(繁忙期)。その後、約 100 人を解雇または契約更新拒絶。主な取り扱いブランドは GU、マークス＆スペンサー(M&S)、Celio、NYGARD(Tanjay Bianca などのブランドを含む)など。40 代の女性労働者から聞き取り。

③ゾーンイン B テクスタイル・カンパニー有限会社(Zhong Yin(Cambodia) B Textile Co., Ltd.)

　労働者 1000 名以上を解雇ないし契約更新拒絶後、多数を雇用。主な取り扱いブランドは H&M、ユニクロ。20 代の男性労働者から聞きとり。

④ヴァンコ・インダストリアル・カンパニー有限会社(Vanco Industrial Company Ltd.)

　従業員数不明。主な取扱いブラントは H&M。20 代の女性労働者 4

写真 1　エコ・ベースファクトリー社の労働者が持ち出した自社製品のタグ

名から聞き取り(5)。

　これらのインタビューを通じて、それぞれの工場での労働者の権利侵害の実態が深刻であることが判明しました。

　なお、写真1は、エコ・ベースファクトリー社(以下「エコベース」社)の労働者が持ち出した、工場で作られている製品のタグです(個人情報に関わる部分を黒塗りした)。GU や M&S など、著名ブランドの服を作っていることがわかります。

　また写真2は、ゾーンイン B テクスタイル・カンパニー社(以下「ゾーンイン B 社」)の労働者が持ち出した製品のタグです(個人情報に関わる記述を黒塗りした)。ここから、彼が働く工場が H&M やユニクロの製品を作っていることを確認できました。

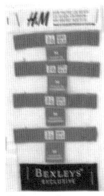

写真2　ゾーンイン B テクスタイル・カンパニー社の労働者が持ち出した自社製品のタグ

3　厳しい条件で働く労働者たち

 違法かつ過酷な長時間労働

　カンボジアでは、一日の残業時間は労働省の通達により2時間以内と決められています。しかし、労働者の訴えを聞くなかで、この制限をはるかに上回る不払い残業を強いる縫製工場があることが明らかになりました。たとえば、フル・フォーチュン・ニッティング社(以下「フル・フォーチュン社」)とエコ・ベース社に勤務していた女性労働者はともに、こう証言したのです。

　「就業時間は7時から16時30分までなのに、21時までの残業が日常的でした」

---

(5) ファーストリテイリング社は、③の工場に生産を委託したことを認めたが、①と②については取引先の関連工場であると主張している(2015年4月1日付『CSR アクション』)。http:/www.fastretailing.com/jp/csr/news/1504011300.html

また、この2工場では、シフト制で24時間勤務を男女いずれの労働者も行うことになっていると訴えました。これは、明らかに法令に反する長時間残業の強要です。
　労働者は、こうした長時間残業を強いられているのに、一カ月の支払い額が200ドルを超えることはなかったと訴えました。フル・フォーチュン社に勤務していた女性労働者によれば、会社が給与明細を出してくれないため、給与の計算根拠はわからないそうです。さらに、両社の労働者は、次のように説明しました。
　「18時にタイムカードを押すように指導されていたため、18時以降の残業代は支払われていません。ただ、24時間連続勤務した際は、手渡しで5ドルが支給されました」
　これらの話によれば、まったく同じパターンの違法残業が2つの工場で行われていたことになります。
　カンボジアの労働法第137条と第139条は、法定労働時間を一日8時間と定め、法定労働時間外の労働に対しては5割の割増賃金、夜間・休日には10割の割増賃金を支払うよう定めています(6)。しかし、エコ・ベース社に勤務していた女性労働者は、こう訴えました。
　「以前は、深夜残業には2倍の賃金が支払われていました。でも、最近は3割増しの手当てしかつきません」
　加えて彼女は、「過酷な深夜残業のために労働者が仕事中に倒れることがある。実際に、3人の労働者が倒れたのを見た」と話しました。こうした状況を受けて、労働者たちは工場に対し、「せめて残業時間中に医師に常駐してほしい」と要望しましたが、実現していないと言います。
　ゾーンインB社に勤務していた男性労働者の話も、2人の女性労働者の話ととてもよく似ていました。
　「就業時間は7時から16時までと定められていますが、連日残業を命じられました。24時間連続勤務も、しばしばです。ところが、18時以降の残業代は支払われませんでした」
　彼もまた、24時間連続勤務後には5ドルが手渡しされると言いました。

エコ・ベース社やフル・フォーチュン社と非常によく似た慣行があることがわかります。労働者は日ごろから残業をするように工場から言われ、24時間連続勤務を命じられることもあり、残業を断ることは事実上不可能のようでした。

エコ・ベース社の女性労働者は、こんな実態も話しました。

「退社時に社員IDカードを機械に通さないと、工場外に出られない仕組みになっています。会社が決めたシフトに基づいて退出時間が社員カードに反映されているため、それより早く工場を出ることができません。だから、嫌でも残業をせざるを得ない」

他方、ゾーンインB社の男性労働者は、こう訴えました。

「残業しなければ、労働契約を更新してもらえないおそれがあるので、従うしかありません」

使い捨てにされる労働者

私たちがインタビューした労働者のうち、フル・フォーチュン社の女性労働者は解雇され、エコ・ベース社とゾーンインB社の労働者はいずれも労働契約の更新拒絶を通告されていました。

彼らによれば、3社の労働者は、3カ月など短期契約の更新を繰り返すかたちで雇用されていたそうです。ところが、勤務期間が2年を迎えるのを目前に、会社は多くの労働者の契約更新を拒絶したと、3人は訴えました。「経営上の都合」「仕事がない」などの理由で、短期の労働契約を打ち切る一方で、新しい労働者を募集して雇っているそうです。

労働法第67条は、有期労働契約は最長2年とし、「勤務期間が2年を超えた労働者は無期契約となる」と定めています。経営側は、この規定の適用による労働者の正規雇用を避けたいのでしょう。2年を迎える直前に契約の更新を拒絶し、短期間労働者として使い捨てにするようなやり方が横行して

---

(6) https://www.jetro.go.jp/ext_images/world/asia/kh/law/pdf/labor-law201503.pdf

いたことが疑われます。

　こうした短期雇用と相次ぐ更新拒絶によって、労働者は著しく弱い状態に置かれていました。雇用を維持したい労働者には、意に反する過酷な残業を拒絶する自由がありません。仕事を失うことを恐れて、劣悪な労働環境、残業代の不払い、不当な労働条件について改善を求める声をあげられないのです。

　ヴァンコ・インダストリアル・カンパニー社（以下「ヴァンコ社」）の女性労働者たちの労働契約のほとんども、1カ月や2カ月といった短期更新でした。

安全性への配慮に欠ける職場環境

　私たちがインタビューした労働者たちの話から、工場の職場環境にも大きな問題があることがわかりました。フル・フォーチュン社の女性労働者は、こう訴えました。

「2014年に天井が崩れ、労働者がけがをする事故がありました。いまも、雨が降ると雨漏りがします」

「アイロンのコンセントから火花が出ることがあります。作業中にけがをする労働者もいました」

「夜間は入口1カ所を除き、すべての扉が閉められ、避難出口まで遠いため、いつも事故が起きて逃げ遅れるのではないかと心配しています。工場内には避難や災害時の指示が貼られているけれど、主に英語です。クメール語で書かれていないので、よくわかりません」

　ゾーンインB社の男性労働者は、中国のユニクロ工場のことを思い出させるような話をしました。

「冷房がなく、室温が常に高いため、具合が悪くなって倒れる労働者がいます」

　洗濯部門では、使用する洗剤に強い刺激臭があるので、口と鼻を覆うマスクを渡されたものの、暑くて息苦しいため、誰もつけていないそうです。目

を覆うゴーグルも労働者の健康を守るために必要なはずですが、工場からはふだんは支給されていません。彼はこう言いました。

「外部から視察者が来るときだけゴーグルを支給され、マスクの着用も指示されます」

ヴァンコ社の女性労働者たちも、労働環境が決してよいものではないと訴えました。

「過酷な労働の結果、倒れた労働者を見たことがあります。食事をとる場所が狭くて、ほこりだらけです」

労働組合活動に対する攻撃

カンボジア労働法第12条と第279条は、労働組合への加入、活動への参加を理由とする解雇や昇進における差別を禁止しています。しかし、フル・フォーチュン社の女性労働者は、労働組合加入や活動参加が理由と考えられる解雇の犠牲になったと訴えました。彼女は、労働組合活動に加わり、女性労働者の保護のために法律上定められた権利を工場内で実現するように経営側と交渉し、産休制度の実現などの制度改革などを実現してきたそうです。

2年以上働いていた彼女は無期契約労働者となりましたが、その直後の2014年9月に、解雇予告もなく一方的に解雇されました。しかも、妊娠中に解雇されたのです。彼女は、同じ工場で労働組合活動に参加していた女性9名も同時期に解雇されたと訴えました。

私たちがインタビューしたエコ・ベース社とゾーンインB社の労働者も更新拒絶をされていますが、いずれも労働組合に所属しています。彼らも、更新拒絶されたのは労働組合活動に参加していたからではないかと指摘しました。とくにゾーンインB社では、労働組合に参加している多くの労働者が解雇、更新拒絶をされて、大きな問題になっていました。

カンボジアでは、私たちが調査した工場にとどまらず、労働組合に参加した縫製産業労働者を解雇する傾向が広がっていました。2015年2月にカンボジア縫製産業民主労働組合連合(Coalition of Cambodian Apparel Workers'

Democratic Union)から聞いた話によれば、2014年に縫製産業職場で、労働運動を理由に、彼らが知る範囲だけで6715人が解雇され、その60%は女性だと言います。交渉の結果4166人(うち55%が女性)が職場復帰したものの、いまだに1000件以上が未解決。仲裁手続きに移行したケースも多いそうです。

女性労働者の保護の欠如

縫製工場で働く労働者の多くは女性であり、出産休暇の取得、妊娠中の定期健診など、女性労働者の保護と健康、権利の保障は重要な問題です。労働法にも出産休暇などの規定があります。しかし、先ほど紹介したように、フル・フォーチュン社の20代女性労働者は妊娠中に解雇されました。

「妊娠した女性が有期契約の場合、契約を打ち切られることがあります。女性労働者が残業を拒絶したり、休暇を多く取得すると、更新拒絶をされてしまいます」

短期間の更新しか認められない女性労働者は、更新拒絶を恐れ、妊娠・出産もままならない状況に置かれています。また、過酷な長時間労働は明らかにワークライフバランスに反し、健康に有害です。仕事と育児・家事が両立しうる環境とは、到底認められません。

4 労働者の救済の役割を果たしていない救済機関

こうした深刻な実態にもかかわらず、労働者の権利侵害を救済するための機関が期待されるような役割を果たしているとは言えない状況です。

カンボジアでは、ILOが関与して運営されている労働仲裁委員会があり、そこで調整ができない事案は裁判になります。フル・フォーチュン社の20代女性労働者は、妊娠中に解雇されたのを受けて、解雇無効を求めて、仲裁の申し立てを行いました。ところが、仲裁手続きでは、明らかな労働問題であるこの案件について民法が適用され、彼女の訴えは認められなかったと言

います。彼女は不服申し立てを行っているそうです。

　カンボジア縫製産業民主労働組合連合は、以下のような実情を説明しました。

　「労働仲裁委員会ではおかしな結論が出ることも多いが、公正な結論になるチャンスもある。しかし、訴訟に進むと、公正な結論を求めるのはより難しくなる」

　カンボジアの司法に独立性がない、裁判官の能力不足、汚職などさまざまな問題が指摘されており、労働紛争にも影をおとしているようでした。

5　政府と国際ブランドの責任

　以上みてきたとおり、カンボジアの4つの縫製工場において、きわめて低い賃金のもとで、労働法に違反する長時間残業の強要、24時間労働を含む過酷な長時間労働、残業代の未払い、労働契約更新拒絶の恐怖による労働者の支配と団結権の侵害、産休を含む女性労働者の保護の欠如など、深刻な労働者の権利侵害が判明しました。

　この背景には、主に3つの問題があります。
　①労働法の適切な実施が職場で徹底していない。
　②有期雇用に関する法制度が濫用され、現状に不満を述べる労働者の解雇を許す結果となっている。
　③効果的な救済制度が構築されていない。

　一方で、ヒューマンライツ・ナウが調査した工場は国際ブランドのサプライヤー（供給元）ですから、こうしたブランドの責任にも注目しなければなりません。国連の「ビジネスと人権に関する指導原則」に基づき、企業は、自己のビジネスに関わるプロセスで引き起こされた人権侵害の有無について、相当な注意を払う義務（デューディリジェンス）を負います。そして、いったん人権侵害が疑われたり発覚した場合は、その除去に努める責務を負っているのです。

　今回労働者の権利侵害が確認された工場に生産を委託しているファースト

リテイリング社(ユニクロ、GU)、H&M、マークス＆スペンサーなどのブランドは、調査・モニタリングの改善とその結果の公表によって説明責任を果たし、人権侵害の改善を支援することが求められています。調査結果をふまえて、ヒューマンライツ・ナウは2015年4月1日、プレスステートメントを発表し、以下のとおり勧告しました[7]。

＊カンボジア政府に対して
(1) 労働法上の労働者の権利に関わる規定がすべての事業所で実施されるように、監督体制および労働法違反への制裁を強化し、法の適切な実施を徹底すること。とくに
①労働時間規制を徹底し、違法残業を根絶すること。
②不払い残業を根絶し、労働法に基づく残業代の支払いを確保させること。
③妊娠・出産を理由とする違法な解雇・更新拒絶に対する実効的な制裁を課すこと。
④労働組合活動を理由とする差別的解雇・更新拒絶に対する実効的な制裁を課し、労働者を差別から守るための迅速で効果的な救済手段を確立すること。
⑤労働仲裁制度の適正な運用のために、キャパシティ・ビルディング（組織的な能力向上）も含む支援を行うこと。
⑥有期雇用の更新拒絶権が濫用されないように、法改正を検討すること。
(2) 生活賃金が保障されるように、さらなる賃金向上について労働者との協議に応じること。また、縫製・靴産業以外の部門における最低賃金を確立すること。

＊フル・フォーチュン社、エコ・ベース社、ゾーンインB社の経営者に対して
(1) 労働者から告発された違法残業、残業代不払い、妊娠・出産、労働組合加入・活動、残業拒絶・休暇取得などを理由とする解雇・更新拒絶、有害な労働環境の問題に対して、速やかに実態を調査して公開し、確認

できた問題について改善をはかること。
⑵　労働組合を結成し、活動する権利を十分に保障すること。

＊ファーストリテイリング社、H&M、マークス＆スペンサーなど今回調査を行った前記工場に発注しているブランドに対して
⑴　フル・フォーチュン社、エコ・ベース社、ゾーンインB社の労働者から告発された、違法残業、残業代不払い、妊娠・出産、労働組合加入・活動、残業拒絶・休暇取得などを理由とする解雇・更新拒絶、有害な労働環境の問題に対して、速やかに実態を調査し、調査結果を公開すること
⑵　確認できた問題について、サプライヤーと協議し、改善を支援すること。

＊カンボジアを生産拠点とするすべての国際ブランドに対して
　すべてのサプライヤーが国際人権、労働基準、カンボジア国内法を明確に遵守するように促し、労働者の権利侵害の是正に主体的役割を果たすこと。

(7) http://hrn.or.jp/activity2/cambodia_statement.pdf

労働環境は改善したのか

● 潜入調査報告書公表から一年

ユニクロの下請け工場潜入調査に関する記者会見。右が筆者で、隣はSACOMの担当者アレクサンドラ・チャン氏(2015年1月15日、厚生労働省)

1　調査報告書の公表

　ヒューマンライツ・ナウは2015年1月15日、香港を拠点とするNGOであるSACOMとLACと共同で行った、中国におけるユニクロの下請け工場の労働環境に関する調査（第3章）に関する報告書を公表。来日したSACOMの責任者とともに、厚生労働省記者クラブで記者会見しました（中扉写真）。

　これに先立ちヒューマンライツ・ナウは、2014年12月末に、ユニクロの親会社であるファーストリテイリング社に調査報告書を送付。「事実関係に誤りなどがあれば、2015年1月8日までに連絡ください」と伝えました。さらに、期限の3日前の1月5日に電話で確認したところ、同社は「事実の訂正などはとくにない」と回答しました。ところが、同社は1月7日になって、「報告書の公表前に面談したい」と連絡してきたのです。

　そして、1月9日付けの電子メールでファーストリテイリング社は、調査報告書に書かれた事実関係について社として独自に調査を実施し、いくつかの点が事実であることを確認したとしたうえで、こう指摘してきました。

　「ごく一部ではありますが、報告書の内容に誤解ではないかと思われる部分もございました」

　ただし、この時点で事実関係の訂正要請はありませんでした。

　私たちはSACOMと協議したうえで、この面談の申し入れを断ることにし、報告書公表後に面談したいと伝えました。それは、公表前に会った結果、もし公表ができなくなったり、一部修正を余儀なくされたりするような事態があってはならないと考えたからです。

　ファーストリテイリング社は1月9日のメールで、「労働環境の改善策を説明したい」と言ってきました。今後そうした改善策を実施していくとしても、2014年に下請け工場で起きた事実が取り消されるものではありません。工場で何を聞いたか、調査を実施したNGOとして人びとに伝える社会的責任があると私たちは考えました。

香港では、すでに1月11日に報告書を公表。日本でも13日未明に、私が担当している「Yahoo個人」というニュースサイトに、写真付きで報告書概要を配信しました。タイトルは、「ユニクロ：潜入調査で明らかになった中国・下請け工場の過酷な労働環境」です[1]。

　朝起きてインターネットを見た私は、驚きました。配信記事がヤフートピックスに取り上げられたこともあり、驚くほどたくさんのツイートやシェアが記録されていたからです。13日だけで記事の閲覧は200万回を超え、累計では300万回以上にも及びました。過酷な労働の実態が人びとに与えた衝撃の大きさがよくわかります。

　記者会見は15日の厚労省に加えて、16日には日本外国特派員協会でも行いました。両日ともに、新聞社やテレビ局などの記者がたくさん参加。NHK、テレビ朝日、テレビ東京、朝日新聞、毎日新聞、日本経済新聞、産経新聞、週刊文春などテレビ、新聞、雑誌で大きく取り上げられ[2]、海外でもニューヨーク・タイムズ、ウォール・ストリート・ジャーナル（アメリカ）など多くの新聞で紹介されました。

2　ファーストリテイリング社の対応と改善策

 一部を認めて、改善策を発表

　調査報告書公表と同時に、ファーストリテイリング社は指摘の一部を認めました。

　「まことに遺憾ながら、指摘された長時間労働などいくつかの問題点について事実であることが確認されました」

---

(1) http://bylines.news.yahoo.co.jp/itokazuko/20150113-00042192/
(2) http://hrn.or.jp/media/2124/

そして、状況改善のためのアクションプランを発表し、関係する NGO との対話を進めると発表。『CSR アクション』というニュースリリースを 1 月 11 日（「中国のユニクロ取引先縫製工場および素材工場における労働環境に関する指摘について」）と 1 月 15 日（「中国のユニクロ取引先工場における労働環境の改善に向けた弊社行動計画について」）に発表して、改善策を打ち出しました。15 日の『CSR アクション』には、以下のような労働環境モニタリングの強化と改善策が述べられています。

「2015 年 1 月〜
弊社生産部との連携により以下を実施する。
- 生産部による工場訪問を通して、工場における記録外の残業に対するモニタリングを強化。定められた労働時間に対して適切な内容（発注量、納期）で発注が行われているかを検証
- 工場内での事故やストライキなど労務トラブル情報が CSR 部に即時共有される体制を強化

2015 年 2 月〜
- 現在は労働環境モニタリングの対象に含まれない素材工場に対しモニタリングを順次導入
- 外部監査機関および NGO などの第三者機関と協働し以下の改善策を実施

　抜き打ち監査および工場外で行う従業員聞き取り調査の頻度を増やす
　従業員による団体交渉権行使を支援
　従業員代表者の民主的な選出、定期的な労使間交渉の実施を監査基準に含む
　工場経営者および工場従業員に対し、労働者の権利に関する研修を提供

2015 年 3 月〜
- NGO や他の第三者機関との連携により、工場従業員がファーストリテイリングに対し、工場の労働環境に関する問題を直接告発できるホットラインや、緊急時に工場従業員を保護する制度を順次導入」

その後、ヒューマンライツ・ナウとSACOMは1月19日と3月3日に、ファーストリテイリング社との対話を行いました。

評価できる点

一連の過程で、ファーストリテイリング社の対応に評価できる点は、いくつかあります。

第一に、事態をもみ消したり、訴訟を起こしたりするのではなく、事実関係を確認して率直に認めた点は、評価に値すると言えるでしょう。これは、週刊誌記事や書籍に対して名誉棄損訴訟を起こした数年前とは確実に異なる対応です。

第二に、一次下請けだけでなく、二次下請けや素材工場に対しても労働環境の監査・モニタリングを行うことを決定したことも、日本企業としては珍しく先進的であったと言ってよいでしょう。世界的には進められている施策ですが、日本ではここまで乗り出す企業はまだ少ないのが現状です。今後、他の企業も同様の取り組みを進めてほしいと思います。

下請け・委託工場は、監査時だけは国際ブランドにいい顔をするけれども、実際には過酷な労働環境を隠すことがしばしばです。こうした事態を防ぐためには、ホットラインの設置が重要です。労働組合の育成支援も、適切に実施されれば有効と言えるでしょう。ただし、問題は、こうした施策を実際に実現できるかどうかです。

第三に、労働環境の改善に向けて、ファーストリテイリング社が私たちNGOと一緒のテーブルについたことも、ひとつの前進といえます。

短期的な改善策を超えた抜本的な解決を

私たちは、ファーストリテイリング社が、①調査報告書を受けて独自調査を行い、判明した事実を対外的に公表すること、②問題が起きた背景や原因を究明したうえで、それをふまえた効果的な改善策を策定・公表すること、

③改善策の実施状況を対外的に公表して説明責任を果たすことの3点が何より重要だと考えています。また、単に監査体制を厳しくするだけでなく、発注価格などコストの見直しも誠実に進めるべきです。過酷な労働、とくに低賃金と長時間残業の根本原因は、低い発注価格にある可能性が高いと考えられるからです。

そこで、ヒューマンライツ・ナウとSACOMは、2015年2月に共同声明「ユニクロ製造請負工場・短期的改善を超えた抜本的解決を」を発表[3]。ファーストリテイリング社に対し、国際的な労働基準に基づき以下の施策をとるよう要請しました。

①工場に対する調査結果の公表を含め、アクションプランの進捗結果に関する情報の詳細な公表を通じて、透明性を確保すること。
②ユニクロのサプライヤーに対する低い発注額を是正すること。
③2015年6月までに、少なくともユニクロのサプライヤー5社において、非営利の労働者の権利擁護団体の参加を確保したうえで、民主的な工場単位の労働組合の結成の促進および、労働者のトレーニングを実施すること。
④ユニクロのサプライヤーにおける労働環境モニタリング体制を再検討し、改善すること。
⑤ユニクロのすべてのサプライヤーのリストを公表すること。
⑥建設的で誠実な対話を市民団体と進めていくこと。

透明性を欠くプロセス、対話の欠如

前述したように、ファーストリテイリング社と私たちとの対話は二回にわたって行われました。私たちは対話の内容について市民社会に公表したいと考え、議事録を公開。一回目の対話後は記者会見も開催しました。しかし、同社との話はかみ合いません。

私たちは、改善策の策定・実施に至るプロセスを公表して説明責任を果たすことが必要であると繰り返し指摘しました。ところが、一連のプロセスは

公開されず、私たちに対する十分な説明もありません。サプライヤー・リストの公開や発注価格の見直し、監査結果の公開といった私たちの要望に対しては、「持ち帰って検討」という回答が続きました。そして、3月3日以降はヒューマンライツ・ナウとSACOMの要請にもかかわらず、実質的な対話が実施されないまま1年が経過しました。

　SACOMは「労働者のトレーニングを実施するのであれば、それが適切な内容かをSACOMが現場に立ち会って確認し、感想や気づいた点をアドバイスしたい」と申し出ましたが、ファーストリテイリング社は受け入れません。NGOと対話しながら改善を進めていくという当初の姿勢は、長くは続きませんでした。たいへん残念に思っています。

3　改善は進んだのか

改善措置は本当に行われたのか

　私たちの対話の求めに応じなかったファーストリテイリング社は2015年6月下旬、進捗状況に関する報告を7月中に公表すると連絡してきました。そして7月31日、再び「取引先工場労働環境改善に向けた取組みの進捗について」と題するプレスリリースを発表[4]。私たちが調査した中国の下請け工場2社（Pacific工場とLuen Thai工場）における労働環境モニタリングの強化、労働環境の改善のために同社がとった措置を以下のとおり報告しました。

　なお、ファーストリテイリング社はLuen Thai工場について、「Tomwell社工場」と呼んでいますので、以後、本書でも便宜的にこの工場を「Tomwell社工場」と呼ぶことにします。

---

(3) http://hrn.or.jp/activity/2127/
(4) http://www.fastretailing.com/jp/csr/news/1507311700.html

(1) Tomwell 社工場

①労働時間	・生産キャパシティおよび生産計画の見直しを実施し、全工程の従業員の労働時間は2015年2月以降、ファーストリテイリングの定める規定内にて維持されている
②労働環境	・従業員に配布するマスクを通常のマスクから防塵マスクに変更。裁断工程など特に粉塵の出やすいエリアにて集塵機を2台導入済み。規定以上の粉塵が確認された工程の従業員に対しては8月末までに職業病健康診断を実施予定 ・個人防護具の使用を徹底するため、管理制度を策定
③管理方法	・調査の結果、罰金制度の存在は確認されなかった
④従業員代表の選任	・2015年3月に従業員代表を選出し、大会を実施。今後半期に一度、定期的に従業員主導による大会を実施予定

(2) Pacific 社工場

①労働時間	・2015年6月末までに約700人の増員を行い、労働時間と連続勤務日数を抑制するために生産体制を強化
②労働環境	・全工程にて、年間を通じ工場内気温を一定に維持する、または一定温度を超えた場合に通気性を確保する規定を導入済み。通気性改善のため、染色・仕上工程6箇所で窓の改良工事を実施。さらに大型換気送風機を各フロア6台ずつ設置済み ・全ての薬品庫の窓を喚起窓に改修済み。また薬品庫への床洗浄水などの流入を防ぐため、保管場所を移動すると共に、床に傾斜をつけ、排水溝を増設 ・安全管理と防護服・防護具着用の必要性について工場労働者への研修を導入済み。さらに管理を強化するため、工場担当者に対し、第三者専門機関による化学品管理・防火安全管理の研修を実施 ・全工程にて政府機関による粉塵、臭気、騒音及び高温検査を実施済み
③管理方法	・2015年5月末に実質的に罰金制度として機能していたインセンティブ制度を全ての工程にて廃止。

　以上の報告のなかには、重要な前進も含まれています。しかし、進捗状況や改善を裏付ける詳細な情報は公開されていません。改善がわかる写真も載

せられていないので、関係者以外は本当に改善したのかどうかわかりません。

そこで2015年8月にSACOMがフォローアップ調査を実施したところ、現場では改善措置が実施されていないことを示唆する複数の情報が得られました。

フォローアップ調査で判明した事実

①違法な時間外労働

2015年7月31日付け『CSRアクション』では、生産体制などを見直して、労働時間は適正な状態になったかのように報告されています。しかし、SACOMのインタビューの結果、少なからぬ労働者が70〜100時間程度の残業をしていることがわかりました。

2014年の調査では、Pacific社工場で月平均145時間、Tomwell社工場（Luen Thai）で月平均112時間の時間外労働でしたので、以前より短くなったといえるかもしれませんが、法定労働時間を大幅に超える残業という実態が大きく改善されているとはいえません。

その背景には、賃金が低く抑えられていることがあります。2工場では賃金が低いため、残業手当は労働者の収入の多くの部分を占めていました。基本給が低いまま、残業時間だけ削減しても、労働者は生活に困り、違法残業が横行してしまいます。労働者が生活していくことのできる賃金を保障する、そのためにファーストリテイリング社などの国際ブランド側が発注価格の見直しを行うことが重要です。

②労働者の健康と労働環境

SACOMの調査結果からも、高温で健康への影響が懸念される労働環境については、調査報告書公表後に、Pacific社工場が窓の工事と修復を始め、通気性を改善して気温を下げ、排水溝を増やしたことがわかりました。また、Tomwell社工場がエアコンを設置し、労働者に配布するマスクを防塵性に

変更したことも確認しました。これらは、一定程度の改善といえるでしょう。

しかし、Tomwell 社工場の裁断部門の労働者は、監査が来るときだけ防塵マスクが配布されると言っており、ファーストリテイリング社の公表と矛盾しています。しかも、どんな化学物質が2工場で使われていたかは、いまだに明らかになっていません。

私たちは調査報告書で、使用されている化学物質を特定して公表し、それに応じた適切な健康対策をとるように勧告しました。にもかかわらず、ファーストリテイリング社はどんな化学物質を使用しているか明確にしておらず、労働者の健康への影響が心配されます。

ファーストリテイリング社の 2015 年 2 月 18 日付け『CSR アクション』(「取引先工場労働環境改善に向けた新たな取り組みについて」)には、「安全性と防護服・防護具の必要性について工場労働者への研修を導入済み」とあります[5]。しかし、健康リスクを十分に明らかにしたうえで労働者に対する健康被害を防ぐための措置が講じられているのでなければ、十分とは評価できません。

また、この『CSR アクション』では、粉塵の影響に関して職業病健康診断が導入されたとしています。ところが、化学物質の影響による健康被害に関しては、健康診断などの医療ケアについて何ら明記されていません。

③労働組合の選挙は名目だけ

2工場の労働者によると、労働組合代表の選任は形式的で、名ばかりのものでした。SACOM のインタビューに対して、Tomwell 社工場の労働者は、次のように話しました。

「労働者代表は、労働者によって直接選挙されるのではない。経営側に都合のよい人間が経営側によって選ばれ、他の労働者は立候補できない状況だった。経営側は労働者全員に、その人物に投票するよう求めた」

また、Pacific 社工場の労働者は、経営側と労働者代表との間で委員会が開催されたものの、労働者自身は労働者代表選出の投票プロセスに関与する権利を与えられなかったと訴えていたそうです。

ファーストリテイリング社への要請

これをうけてヒューマンライツ・ナウとSACOMはファーストリテイリング社に、労働者の訴えを重く受けとめ、事実調査のために再度2工場を訪問して、改善状況を確認するように求めました。同社はその結果を明確にわかるように公表して、説明責任を果たすべきだと私たちは考えました。

私たちはとくに、以下の点を求めました（2015年8月21日付け共同声明）[6]。

①労働者が違法な時間外労働をしなくても適切な賃金を得られるよう、2工場の基本賃金と出来高賃金を増額させるためにあらゆる努力を尽くすこと

②労働者の環境改善のための施設面での改善や防護措置をとること

③2工場で使用されている全ての化学物質を一般市民及び労働者に対して公開し、労働者の健康のために必要な措置をとること

④労働者の意思に基づき、公正な選挙によって組合代表が選ばれるようにすること」

その後、ヒューマンライツ・ナウの出した公開質問状に対し、ファーストリテイリング社は、2015年8月に再度調査をしたとして、「2015年1月当初と比較して残業時間が削減できている」「今後も3ヶ月に一度を目安に、監査または現場訪問による実行状況の確認を継続」などと回答しました[7]。しかし、私たちが指摘したすべての項目に対応する回答はしていません。

ファーストリテイリング社は、私たちが提起した問題に目をつぶったり無視することなく、誠実に対応し、改善を進めてほしい。それが私たちの強い思いです。

---

(5) http://www.fastretailing.com/jp/csr/news/1502181300.html
(6) http://hrn.or.jp/activity2/20150821%20Immediate%20Release%E3%80%80%20UNIQLO%20and%20Labour%20Rights%20%28Japanese%29.pdf「ユニクロと労働者の権利：ファーストリテイリング社のCSR Actionを受けて──中国下請け工場における過酷な労働状況についての調査報告書から半年──」
(7) http://hrn.or.jp/news/59521

すべての下請け工場における改善

　過酷な労働は、私たちが潜入調査した工場に限らず、発生する可能性があります。グローバル企業（多国籍企業）は、サプライチェーン全体を通じて、人権侵害や過酷な労働が行われないように努める責務があります。私たちは、2工場の枠を超え、すべての生産現場で労働環境を改善するための施策として、①監査体制の改善、②改善策の公表と透明性の確保、③サプライヤー（下請け工場や素材・原材料工場など）・リストの公開、④低い発注額の見直し、を求めてきました。

　①監査体制の改善
　ファーストリテイリング社では私たちの申し入れ以前は、下請け工場の労働環境に問題がないかをチェックする監査体制は十分ではありませんでした。今回の事態を受けて、事前予告のない抜き打ち監査、ホットラインなどの施策を打ち出したことは、ある程度評価できるでしょう。ただし、実施されているかは、まだ不明確です。SACOMが労働者たちに聞いた情報によれば、抜き打ちであるはずの監査が前日に知らされていた工場もあるようで、今後も検証していく必要があります。

　ファーストリテイリング社は2015年7月、今後の監査に関して、国際NGOであるFair Labor Association（FLA、公正労働協会）と提携する決定をしたと発表しました[8]。FLAは企業の委託を受けて工場の人権状況や労働環境を監査するNGOです。企業寄りではなく、公正に、厳しく問題を指摘することで知られており、監査結果も詳細に公開しています（第6章参照）。

　アディダス（スポーツウエア、シューズ）、アップル（コンピュータ）、ネスレ（食品・飲料）、アパレル業界ではH＆Mやヒューゴ・ボスなどがFLAの監査を受け入れ、説明責任を果たそうとしてきました。

　ファーストリテイリング社が実際にFLAの監査を受け入れるのであれば、監査結果を透明性の高い方法で公表する意思を示すものとして、私たちは評価します。しかし、監査に関わる取り組みの透明性と説明責任の確保は、

FLAへの委託だけで終わるものではありません。私たちは、ファーストリテイリング社の内部と外部の監査結果を引き続き注視していきます。

②サプライヤー・リストの公開

ファーストリテイリング社は、ヒューマンライツ・ナウの公開質問への回答として2016年1月、「弊社のお取引先情報は弊社にとって、ビジネス上の重要な機密情報に該当すると考えております」として、実施しない姿勢を示しています(9)。すべてのサプライヤーの公表を通じて企業としての透明性を高めることは、下請け工場における人権侵害がブラックボックス化しないための重要な施策であり、企業の説明責任と透明性を示す重要な指標です。

大手アパレル産業では、H&Mなどの国際ブランドが、責任あるサプライヤー管理のためにサプライヤー・リストの公表を次々と進めています(H&Mサプライヤー・リスト参照)(10)。アディダス、アップル、ナイキなど過去に過酷な労働が社会問題となったグローバル企業も同様です。ファーストリテイリング社には、ぜひサプライヤー・リストの公表を進めてほしいと思います。

③低い発注額の見直し

2015年7月31日に発表された『CSRアクション』においては、発注価格の見直しや生活できる賃金への改善については、ふれられていません。ヒューマンライツ・ナウは4月23日に、下記のメールをファーストリテイリング社から受け取りました(同社ウェブサイトには未公表)。

「発注額は原料価格や労働市場の動向など様々な要因を踏まえ、ファーストリテイリングと工場との交渉によって決められております。賃金の決定権は工場にあり、他ブランドの発注もあるため、当社の発注価格と賃金の明確な相関関係は見出せておりません」

---

(8) http://www.fastretailing.com/jp/csr/news/1507311700.html
(9) http://hrn.or.jp/news/59521
(10) http://sustainability.hm.com/en/sustainability/downloads-resources/resources/supplier-list.html

しかし、残業時間だけ減らし、低賃金のままでは、労働者が生活できません。違法な長時間残業が横行する原因の根絶には至らないのです。このメールでは「他ブランド」と述べていますが、国際的なアパレル・ブランドのうち、H&M、GAP、インディテックスなどは、下請け工場労働者の生活賃金保障のためのアクションプランを定めています。ユニクロも同様の施策をとるべきではないでしょうか。

2016年1月、ファーストリテイリング社はヒューマンライツ・ナウの公開質問への回答として、生活賃金について「社内プロジェクト化しており、生活賃金の定義にあたり、より妥当な方法論・水準の精査を現在行っております」[11]としていますが、今後の動向を注視していく必要があります。

4　カンボジアの過酷な労働への国際ブランドの対応

調査結果を否定するファーストリテイリング社

第4章で指摘したカンボジアの過酷な労働問題に関しても、十分な解決はできていません。

ヒューマンライツ・ナウは2015年4月1日に来日したカンボジアの縫製産業民主労働組合連合(CCAWDU)の代表者とともに、厚生労働省記者クラブで記者会見。とくにファーストリテイリング社に対応を求めました。同社は、私たちが聞き取り調査した労働者が働く工場が取引工場ないし取引工場の関連工場であること自体は認めたものの、8月5日付で「ヒューマンライツ・ナウが指摘した労働問題はいずれも事実ではない」という調査結果を公表しました[12]。同社に確認したところ、これは私たちの調査報告書発表直後の調査結果であった、としています。

誠実に対応したH&M

カンボジアで聞き取り調査した工場には、ファーストリテイリング社だけ

でなく、H&M、インディテックス、マークス＆スペンサーなど他の国際ブランドも関わっていました。そこで私たちは、ロンドンを拠点とする国際人権団体「ビジネスと人権資料センター」(Business and Human Rights Resource Center)に依頼。そのウェブサイトに私たちの調査結果を公表してもらうとともに、各ブランドに対して「どのように対応するのか」の回答を求めてもらいました(13)。

ビジネスと人権資料センターのウェブサイトは産業界が常にウオッチし、企業の対応に注目しています。とりわけ欧米ブランドは、こうした問題提起に回答せずに放置することは恥ずかしいという意識があるようです。

H&Mやインディテックスなどは、労働環境の改善に努めていくという主旨の前向きな声明を公表しています。とくに、私たちが聞き取り調査した4工場のうちゾーンインB社と取引をしていたH&Mは、迅速な対応をしました。詳細な回答を公表し、一連の労働者の権利侵害の原因は短期労働契約の悪用であり、短期労働契約の適正な運用をしていくことが必要との見解を示したのです。

H&Mが解決に乗り出した結果、工場経営者とカンボジア縫製産業民主労働組合連合は、ゾーンインB社の工場で労働組合への参加を理由に解雇された労働者の復職や労働環境の改善などに合意。それが誠実に実施されているという報告を私たちは受けました。H&Mは回答書で、こう述べています。

「私たちは、このたび指摘された問題について、ゾーンインB社の経営者とカンボジア縫製産業民主労働組合連合の間で建設的な対話を実施し、当事者は最近、合意に至りました」(14)

さらに、短期雇用契約に関して以下のよう付け加えています。

---

(11) http://hrn.or.jp/news/59521
(12) http://www.fastretailing.com/jp/csr/news/1508051700.html
(13) http://business-humanrights.org/en/cambodia-ngo-fact-finding-mission-documents-exploitative-working-conditions-at-garment-factories-supplying-intl-brands#c123889
(14) We have engaged in constructive dialogue with both Zhongyin management and CCAWDU on the concerns raised there recently, and the parties have recently reached an agreement on these issues.

> H&Mは、自社およびビジネスパートナーの運営における人権の尊重に尽力してきました。私たちのアプローチと政策は、国連「ビジネスと人権に関する指導原則」に依拠しています。カンボジアにおいては、短期雇用契約が法的に明確性を欠き、裁判での救済も難しい状況です。そのため、短期契約の濫用が広く横行する事態を招いています。H&Mは、こうした短期雇用契約の濫用が広く横行していることが縫製産業全体において中核的労働基本権利の侵害を現実に招いており、雇用の不安定、そして最悪の場合には差別や、労組結成の自由の侵害を生んでいるという見解に立っています。とくに、差別されない権利や団結の権利に対する侵害は、カンボジアの縫製産業の持続的な発展を阻害しています。
>
> H&Mは、短期契約が2年以上更新された場合は、長期契約とみなされるとする労働仲裁機関の解釈を支持するものです。さらに、産業全体の持続可能な変革のために、他のステークホルダーと協働していく重要性を認識しています。このステークホルダーには私たちのサプライヤーも含まれますが、バイヤーや労働組合、使用者団体、NGOも含まれます。

 労働環境が改善されない工場が多い

一方、H&Mのような先進的企業が関与していないエコ・ベース社とフル・フォーチュン社(両社は同じグループに所属)の工場では、調査報告書の公表後も労働環境の十分な改善には至っていないという報告を現地から受けています。さすがに24時間連続勤務はなくなったそうです。しかし、さまざまな労働権の侵害や不当解雇が横行している、と労働組合関係者は訴えています。

さらに、エコ・ベース社とフル・フォーチュン社は国際NGOやブランドの監視を受けないように、同じグループの別の工場に生産を再委託。そこでは2015年2月の調査で労働者たちが訴えていたようなひどい労働環境が横行している、と労働組合関係者は訴えました。

カンボジアからの報告を受けるにつけ、ファーストリテイリング社が打ち出した労働環境改善のための施策が果たして十分に現場で実効性をもって行われていくのか、掛け声だけに終わってしまわないのか、私たちは懸念しています。

 その後の状況

　カンボジアでは、ILO の支援を受けた Better Factories Cambodia というプログラムが、縫製工場のモニタリングやトレーニングを実施しています。このプログラムには、H&M、GAP、ディズニー、ナイキ、インディテックス、ウォルマートなどの国際ブランドがこぞって参加しています。しかし、ウェブサイトを見るとファーストリテイリング社は参加していませんでした。
　ヒューマンライツ・ナウがファーストリテイリング社に対し、このプログラムへの参加を呼びかけたところ、同社は参加を決定したと、2016年1月に回答してきました(15)。
　しかし、その後もカンボジアのユニクロ・GU の委託先工場ではさまざまな問題が発生しています。たとえばゾーンイン B 社の工場では 2015 年 9 月、労働条件の改善を求めてストライキに参加した労働者が解雇され、仲裁機関から職場復帰をさせるよう求められても、これに経営側が応じようとしません。
　ヒューマンライツ・ナウが 2016 年にカンボジアで行ったスタディーツアーで「労働者のお話を聞く」というセッションを開催したところ、50 人にものぼる労働者が参加。「日本のブランドの製品を作る工場で働いているが、ストライキに参加したことを理由に解雇された」と口々に訴えました。彼らが作っている製品について聞いたところ、再び GU の名前が出てきたのです。
　カンボジアではいま労働者の運動が高揚し、若い世代が権利意識を高め

---

(15) http://hrn.or.jp/news/59521

て、「おかしいことはおかしい」と立ち上がっています。政府や経営側は、これを抑え込もうという姿勢に終始。その過程で、とくに労働条件の改善を求めるストライキやデモ、労働組合の加入などに対する弾圧が起き、なかには違法な人権侵害と評価せざるを得ない事態も頻発しています。

　こうした状況を知りながら、操業を続ける企業には、人権侵害・労働者の権利侵害を是正する役割を果たす社会的責任があります。そうでなければ、結果的に人権侵害・労働者の権利侵害に加担することになりかねないのです。

5　私たちの求めること

　私たちは、ファーストリテイリング社が、中国やカンボジアをはじめ世界中の委託先工場での労働者の権利の保護を、国連の「ビジネスと人権に関する指導原則」(99〜102ページ参照)に基づいて責任をもって実施するように引き続き求め、同社の行動を見守り、建設的な提案を行っていく予定です。

　最後に、ファーストリテイリング社に対する要求を改めてまとめておきましょう。

　①徹底した調査と検証、改善、そのプロセスと内容を詳細に公表し、説明責任を果たす
　②モニタリング体制の改善
　③低い発注価格の見直し
　④すべてのサプライヤー(下請け工場)の公表
　⑤労働者への研修と労働組合の結成および活動の保障と支援

　そして、こうした包括的な対策に向けた議論をするため、私たちNGOとの協議の再開を求めています。

6 企業に求められる人権への責任

GAP ストア渋谷店

1 企業の社会的責任

 ## CSRと人権

　最近、企業の社会的責任(Corporate Social Responsibility=CSR)の重要性が指摘され、多くの企業がその責任を果たすための施策を打ち出しています。CSRは、企業が利益を追求するだけでなく、企業活動によって社会に与える影響にも責任をもち、社会的公正や環境、人権などへの配慮を組み込み、従業員、投資家、地域社会などの利害関係者に対して責任ある行動をとるとともに、説明責任を果たしていくことを求める考え方です。

　日本ではこれまで、人権に関する企業の取り組みについてはあまり活発に議論されてきませんでした。一方、国際的には、生産過程で発生する労働者の権利の保護は、もっとも重要なCSRの課題とされています。自社とサプライヤーの労働者の人権を保障し、労働法を守って適切な働き方を保障することは、企業の人権に関わる最大の義務と考えられるようになってきました。

　まず、人権問題とCSRの関係について、世界の流れを見ていくことにしましょう。

 ## 頻発した多国籍企業による人権侵害

　多国籍企業による生産拠点での人権侵害は、最近になって始まったことではありません。1970年代から、欧米をはじめとする先進国の企業は、安い労働力、広い土地、豊富な天然資源などを求めて途上国に進出していきました。冷戦が崩壊し、経済のグローバル化が進んだ1990年代には、進出が一段と進んでいきます。

　途上国では、先進国に比べて破格の低賃金で労働者を雇えるし、資源も土地も簡単に確保できます。人権が保障されず、労働者や住民の権利を守る法律がたとえあっても十分に機能していないので、自国ではとてもできないよ

うな大胆な行為をフリーハンドで行うことができました。たとえば、先住民の権利の侵害、環境を破壊する資源開発、軍事独裁政権との合弁によるガスパイプラインの開発、強制労働の横行、そして労働法の整備が十分でないアジア諸国で行われてきた、きわめて低価格での製品の生産などです。

　こうした海外進出は、先進国の多国籍企業にとってメリットが大きい反面、途上国では労働者が低賃金で酷使され、進出拠点の近隣住民は資源や土地を奪われ、自然環境は破壊されていきます。とくに、縫製産業の生産現場では児童労働が常態化しました。世界的に有名な国際ブランドの製品を、子どもたちが本当に安い賃金で作ってきたのです。生産を委託するアパレル企業は、見て見ぬふりを続けてきました。

　1996年6月、アメリカの月刊誌『ライフ』が、ナイキのサッカーボールをパキスタンの12歳の子どもたちが、1日60セントで縫い合わせて作っているというルポを掲載。これをきっかけに、ナイキの途上国での児童労働や搾取労働がアメリカやヨーロッパで大きな関心を集めるようになります。同じころ、ナイキの人気スニーカー「エアジョーダン」が、インドネシアの委託工場で11〜12歳の子どもたちによって時給22セントで作られていることも明るみに出ました。

　これに対してナイキは、「自分たちには関係ない」という冷淡な対応をとったため、アメリカ国内で不買運動が発生。ナイキ・ショップの店頭やショッピングセンターでは、市民による抗議行動が展開されました。その動きは、カナダ、オーストラリア、ヨーロッパ諸国にも広がっていきます。また、当時のアメリカでは、運動部員が履く運動靴についてナイキと契約を結んでいる大学が少なくありませんでした。学生たちは大学に対して契約を打ち切るように要求し、実際に契約を打ち切る大学が続出します。

　こうした抗議行動によって、ナイキのポジティブなブランドイメージは一変し、悪名高い搾取企業の象徴として受けとめられるようになりました[1]。

---

[1] 以上の経緯に関しては、下記の文献などを参照。ヒューマンライツ・ナウ編『人権で世界を変える30の方法』(合同出版、2009年)。ナオミ・クライン著、松島聖子訳『ブランドなんか、いらない──搾取で巨大化する大企業の非情』(はまの出版、2001年)。

その結果、ナイキの収益や株価は著しく下落。あわてたナイキは対応を迫られ、1998年以降、委託先企業における児童労働や強制労働の禁止、賃金水準の引き上げなどを打ち出し、実施していきました。

2　国連などが動きだした

 グローバル・コンパクトの10原則

　影響力を強め続ける多国籍企業に対して、国連も社会的責任を果たすよう働きかけを始めます。経済のグローバル化が進むなかで、多国籍企業の活動の負の影響が大きくなり、国連や国際機関は新たな対応が求められるようになったのです。国連は世界的な課題に対して、企業にもグローバルな課題を解決するパートナーとして責任を果たすことを求めていきます。

　コフィー・アナン国連事務総長(当時)は1999年の世界経済フォーラム(ダボス会議)に出席し、世界各国の企業に対して、グローバルな社会課題に対する責任ある行動と、持続可能な成長を実現するための国際的な枠組みとして、「グローバル・コンパクト」を提唱。経営トップたちに「人間の顔をしたグローバリゼーション」への取り組みを促し、こう呼びかけました。

　「世界共通の理念と市場の力を結びつける力を探りましょう。民間企業のもつ創造力を結集し、弱い立場にある人びとの願いや未来世代の必要に応えていこうではありませんか」

　この呼びかけを受けて、2000年7月にアメリカ・ニューヨークの国連本部で、国連グローバル・コンパクトが正式に発足しました[(2)]。

　国連グローバル・コンパクトは人権、労働、環境、腐敗防止の4分野について10の原則を定め、参加企業に対して、この原則の支持と実行を求めています。10の原則は表1のとおりです[(3)]。

　「コンパクト」とは英語で約束の意味。10原則について、ビジネス・セクターが一緒に取り組んでいくという、国連事務総長と企業の約束を意味します。2015年7月現在、世界約160カ国で8000以上の企業が署名し、1万

表1　グローバル・コンパクトの10原則

人　権		原則1：人権擁護の支持と尊重 原則2：人権侵害への非加担
労　働		原則3：組合結成と団体交渉権の実効化 原則4：強制労働の排除原則 原則5：児童労働の実効的な排除 原則6：雇用と職業の差別撤廃
環　境		原則7：環境問題の予防的アプローチ 原則8：環境に対する責任のイニシアティブ 原則9：環境にやさしい技術の開発と普及
腐敗防止		原則10：強要・賄賂等の腐敗防止の取組み

3000を超える団体に広がりました[4]。

　グローバル・コンパクトの発足と同じ2000年、OECD（経済協力開発機構）は「多国籍企業行動指針」を策定します。また、ロンドンの証券取引所も同年から上場企業に対して、環境・社会問題に関する経営リスク・マネジメントについて、年次報告への記載を義務付けるようになりました。

国連の「ビジネスと人権に関する指導原則」

　一方、国連の人権機関では、企業の人権尊重に関する原則を定める動きが始まりました。2003年には国連人権小委員会（当時）で、「人権に関する多国籍企業およびその他の企業の責任に関する規範」を提案。これを受けて、企業の人権に対する責任に関する国際的な原則を定めるために、専門家が時間をかけて調査や議論を重ねていきます。

　こうして2011年にまとめられたのが、「国連ビジネスと人権に関する指導原則」です。同年の国連人権理事会で採択されました[5]。

---

(2) https://www.unglobalcompact.org/
(3) http://www.ungcjn.org/gc/principles/index.html
(4) http://ungcjn.org/gc/index.html
(5) http://www.unic.or.jp/texts_audiovisual/resolutions_reports/hr_council/ga_regular_session/3404/

「国連ビジネスと人権に関する指導原則」は「保護・尊重・救済」枠組みと言われ、企業がビジネスに関連して人権尊重の責任を負うことを明らかにし、どのような責任を負うのか具体的に規定しています。第一に人権を保護する国家の義務、第二に人権を尊重する企業の責任、第三に人権侵害が起きた際の救済へのアクセスです。それはビジネス・セクターの人権に関する責任を明確化した規範として、国際的に広く受け入れられています。

多くの欧米諸国では、これらの規定を国レベルで実施するための行動計画を定めて、実施しており、G7諸国で行動計画の策定を進めていないのは日本とカナダだけです。企業の責任については、以下のように明記しています。

「企業は人権を尊重すべきである。これは、企業が他者の人権を侵害することを回避し、企業に関わる人権への負の影響に対処すべきことを意味する」

そして、人権尊重の責任を果たすために、以下の2つの行動を求めています（11項、13項）。

①自らの活動を通じて人権に負の影響を引き起こしたり、助長することを回避し、そのような影響が生じた場合にはこれに対処する。

②たとえその影響を助長していない場合であっても、取引関係によって企業の事業、製品またはサービスと直接的につながっている人権への負の影響を防止または軽減するように努める。

さらに、企業が人権を尊重する責任を果たすために、以下の3つの方針とプロセスの策定を求めています（15項）。

①人権を尊重する責任を果たすという方針とコミットメント。

②人権への影響を特定し、防止し、軽減し、そしてどのように対処するかについて責任をもつという人権デュー・ディリジェンス・プロセス。

③企業が引き起こし、または助長する人権への負の影響からの是正を可能とするプロセス。

人権デュー・ディリジェンスというのはわかりにくい言葉ですが、この指導原則を考えるうえでの重要なキーワードです。それは、ビジネスの影響が及ぶ範囲で起こりうる、または起きている人権侵害について、相当な注意義務（デュー・ディリジェンス）を払って分析・調査し、人権侵害を防止、改善

する、ということを意味します。

　この指導原則のなかで重要なポイントのひとつが、サプライ・チェーン（原材料・部品の調達から、製造、在庫管理、販売、配送までの一連の流れ）を通じての人権に関する責任です。企業には、サプライ・チェーンにさかのぼって人権侵害に関して相当の注意義務を負う（デュー・ディリジェンス）責任が課されることになったのです。人権デュー・ディリジェンスについての詳しい規定を紹介しましょう。

〈原則17〉**人権デュー・ディリジェンス**

> 　人権への負の影響を特定し、防止し、軽減し、そしてどのように対処するかということに責任をもつために、企業は人権デュー・ディリジェンスを実行すべきである。そのプロセスは、実際のまたは潜在的な人権への影響を考量評価すること、その結論を取り入れ実行すること、それに対する反応を追跡検証すること、及びどのようにこの影響に対処するかについて知らせることを含むべきである。人権デュー・ディリジェンスは、
> a　企業がその企業活動を通じて引き起こしあるいは助長し、またはその取引関係によって企業の事業、商品またはサービスに直接関係する人権への負の影響を対象とすべきである。
> b　企業の規模、人権の負の影響についてのリスク、及び事業の性質並びに状況によってその複雑さも異なる。
> c　企業の事業や事業の状況の進展に伴い、人権リスクが時とともに変わりうることを認識したうえで、継続的に行われるべきである。

　そして、ひとたび、ビジネスに起因した人権侵害が発生した場合、企業は是正の責任を負います。指導原則には以下のように書かれています。

〈原則22〉**是正**

> 　企業は、負の影響を引き起こしたこと、または負の影響を助長したこ

とが明らかになる場合、正当なプロセスを通じてその是正の途を備えるか、それに協力すべきである。

 責任あるサプライ・チェーン

2015年6月にドイツで開催されたG7エルマウ・サミットの首脳宣言[6]は「責任あるサプライ・チェーン」という項目を掲げ、サプライ・チェーンに関わる労働条件や人権問題への対処について、G7諸国の関与を明らかにしました。そこでは、長文にわたる首脳の総意が表明されています。その概要を外務省のホームページから引用しましょう。

「安全でなく劣悪な労働条件は重大な社会的・経済的損失につながり、環境上の損害に関連する。グローバリゼーションの過程における我々の重要な役割に鑑み、G7諸国には、世界的なサプライ・チェーンにおいて労働者の権利、一定水準の労働条件及び環境保護を促進する重要な役割がある。我々は、国際的に認識された労働、社会及び環境上の基準、原則及びコミットメント（特に国連、OECD、ILO及び適用可能な環境条約）が世界的なサプライ・チェーンにおいてより良く適用されるために努力する」

「我々は、国連ビジネスと人権に関する指導原則を強く支持し、実質的な国別行動計画を策定する努力を歓迎する。我々は、国連の指導原則に沿って、民間部門が人権に関するデュー・ディリジェンスを履行することを要請する」

「我々は、繊維及び既製衣類部門における産業全体のデュー・ディリジェンス基準を広めるため、民間部門によるインプットを含む国際的な努力を歓迎する。我々は、安全で持続可能なサプライ・チェーンを促進するため、デュー・ディリジェンス及び責任あるサプライ・チェーン管理について中小企業が共通理解を形成することを助けるための我々の支援を強化する」

「我々は引き続き関連する世界的なイニシアティブを支援する。さらに、我々は、我々の二国間開発協力をより良く協調させ、パートナー諸国が責任ある世界的なサプライ・チェーンを利用して持続可能な経済発展を促進する

よう支援する」

この宣言では次の4点を確認しています。
① G7諸国には、世界的なサプライ・チェーンにおいて労働者の権利、一定水準の労働条件及び環境保護を促進する重要な役割がある。
② G7諸国は、国連ビジネスと人権指導原則を支持する。
③各国が同原則に基づく国内行動計画をつくることを歓迎する。
④民間企業に人権デュー・ディリジェンス義務を実行するよう求める。

なお、首脳宣言にある「民間部門によるインプット」とは、いくつかの国際ブランド企業が、サプライ・チェーンにおける人権擁護の責任のために具体的な方針を定めたり、行動を開始したりしていることを指しています。こうして国際社会では、サプライ・チェーンを通じた人権擁護についての取り組みが強化される方向になってきているのです。

3　大手アパレル企業の方針と行動

問われる企業のあり方

ナイキ以外にも、アップル、ネスレなど、世界的な有名企業の製造過程における人権侵害や過酷な労働が次々と明らかになりました。そのたびに、欧米を中心とするNGOの呼び掛けで、企業にとっては厳しい批判キャンペーンが繰り広げられていきます。

アパレル企業でも、GAPやH&Mなど労働者の権利が批判の対象になるケースは多く、とくにラナプラザ・ビルで操業をしていた工場に委託していた国際ブランドは厳しい批判キャンペーンの対象となりました。また、人権侵害の事実が明らかになっていないアパレル企業も、企業の社会的責任をしっかり果たすためにどのような方針を示しているか、市民社会から常に厳しく問われるようになっていきました。

---

(6) http://www.mofa.go.jp/mofaj/ecm/ec/page4_001244.html

こうしたなかで、大手アパレル企業は次々と人権尊重のための方針を打ち出し、実施しています。なかでも、H&Mはヨーロッパの消費者から絶えずプレッシャーを受け、施策を充実させてきました。ここでは、H&Mを例に、どんな施策をとっているのか、みていきましょう。

H&Mの対応

第一に、サプライヤー・リストの公開です。自社の透明性を確保し、説明責任を果たすために、公開する方針を発表しました。現在、自社に商品を納入しているサプライヤーと、主要サプライヤーの下請け企業のリストを会社のウェブサイト上で公表しています[7]。

H&Mのウェブサイトによれば、第一次下請け・委託工場のすべてと、取引が多い第二次下請け、さらに布や糸のような素材生産工場についても約35％をカバーしているとされています。リストで公開されているのは以下の情報です。

①サプライヤー（企業）の名称
②その工場の名称と住所
②サプライヤーのグレード（モニタリングに基づく評価結果）

第二に、監査とその結果の公開です。すべてのサプライヤーとの間で、労働法や労働基準を守る、児童労働をしないなどの基本事項の遵守を定めたコード・オブ・コンダクト（行動規範）を締結し、これに基づいてモニタリングを実施しています。この点は、ファーストリテイリング社でも行われています。

第三は、外部監査の実施です。行動規範に基づいてきちんと労働者の権利が保護されているかをチェックし、是正する仕組みです。

H&Mは非営利団体のFair Labor Association（FLA、公正労働協会）に加盟し、社内の独自の監査に加えて、FLAのモニタリング（外部監査）も実施してきました。FLAは各工場に関する監査結果をウェブサイトに公表しているので、H&Mは監査結果を社会的に開示していると言うことができます。FLAの監

査結果は仮借ない内容で、工場ごとに厳しくチェックし、なかには重大な違反行為がいくつも指摘されている工場もあります。そして、サプライヤーごとに行動規範の達成状況を評価し、結果を公表します。

　FLAは違反行為が発生した原因を分析し、それをどう解消するかを含むアクションプランを立案します。それを実施させ、検証していくというプロセスをたゆむことなく繰り返し、その内容をウェブサイトに公表していくのです。

　第四は、労働者が生活できる賃金を保障する取り組みです。H&Mは委託先工場の労働者が生活できる賃金の保障を目指してロードマップを策定しました。第一段階として、2018年までに主要なサプライヤーが生活できる賃金を支払える賃金構造の構築を目指しているそうです。これは、企業の利益に直結する、もっともハードルの高い施策ですが、ヨーロッパで消費者やNGOなどの要望が強く、この方針を採択するに至りました。

　第五に、持続可能な栽培方法で栽培された綿の使用です。これまで原料の綿栽培は、農薬や水の大量消費によって環境や周辺住民の生活に大きな影響を与え、農薬の大量使用が労働者に対して深刻な健康被害も引き起こしてきました。H&Mのウェブサイトによれば、こうした状況をふまえて、オーガニックコットンで服を生産する方針を採択、その服に使われているコットンは独立した認証団体によって、100％有機栽培であることが認定されているとしています[8]。

　こうした取り組みを行っているものの、H&Mのビジネス・プロセスにおける人権問題がすべて解決されたとは言えません。それでも、計画や目標を立てて前に進んでいくことは重要です。市民社会やメディアの厳しい監視や報道が、5つの取り組みをもたらしたと言えます。こうした事例をみれば、

---

(7) http://sustainability.hm.com/en/sustainability/downloads-resources/resources/supplier-list.html
(8) http://about.hm.com/en/About/sustainability/commitments/conscious-fashion/more-sustainable-materials/cotton.html；https://www.hm.com/jp/customer-service/faq/our-responsibility

日本に本拠を置く多国籍企業の行動がまだまだ十分ではないことがよくわかっていただけるでしょう。

 すべての企業にとって他人事ではない

　私たちのゴールは、ユニクロだけでなく、すべてのブランド、すべての企業が人権を遵守することです。アパレル企業から始まったサプライ・チェーンの問題は、IT業界など多くの分野で問題となっています。

　とくに、日本に拠点を置く企業は、2020年の東京オリンピックに向けて、国際社会から人権に関する取り組みを厳しく問われていくでしょう。ユニクロの過酷な労働問題は、決して他人事ではありません。

　今後、私たちヒューマンライツ・ナウだけでなく、さまざまな国際NGOが日本企業のサプライヤーの人権問題を指摘していくことが予測されます。多くの日本企業は人権指針の採択などにとどまっているのが現状で、抜本的な対策が求められています。過酷な労働問題が第三者の指摘によって発覚する前に、自ら国際水準に基づく対策を講じてほしいと思います。

私たちに
できること

1　ファッション産業は**女性**たちの夢をかなえるのか、それとも奪うのか

『プラダを着た悪魔』という映画をご覧になりましたか？　ニューヨークで、ファッション産業を通じて自分の夢をかなえよう、つかもうとする女性たちの姿が、とても鮮やかに描かれています。『Vogue』という有名なファッション・マガジンの編集長がモデルの人だと言われています。

日本でもファッション・モデル、デザイナー、スタイリストなど、ファッション産業で活躍する素敵な女性たちがたくさんいます。しかし、ファッション産業に関わるすべての女性が輝ける状況ではありません。

インターネットで国際ニュースを配信している Vice News が 2014 年 10 月に公開した『売春か縫製労働者か──安い服の高い代償』("From Sex Worker to Seamstress: The High Cost of Cheap Clothes")という番組は、最近のカンボジアの女性が置かれている状況を鋭く伝えました[1]。

カンボジアではいまも、人身売買の被害にあうなどして、売春で生計を立てざるを得ない女性がたくさんいます。少女も少なくありません。

警察が売春宿を摘発すると、彼女たちはいったん解放され、自立して生活していくために職業訓練を受けます。NGO などがサポートして、縫製工場で働くケースが多いようです。縫製産業はカンボジアの一大産業ですから。

ところが、縫製工場で待っているのは、早朝から深夜までの過酷な、しかも低賃金の奴隷のような労働。番組が伝える当時の最低賃金は、月 40 ドルです。首都プノンペンでは、とても生活できません。女性たちは生きていくために、自ら売春に戻っていきます。他の選択肢がないのです。番組では、子どもを育てている女性が話していました。

「縫製工場で働いているだけでは生活できない。だから、工場で働いた後に毎日売春もして、お金を稼いでいる」

こうした状況が厳しい批判を受け、カンボジアの最低賃金は 2014 年に月額 128 ドルに引き上げられました(第 4 章参照)。しかし、物価も上がるので、

厳しい状況はあまり変わっていません。

　工場労働者が朝から晩まで働いても低賃金で生きていけない。売春をしたほうが稼げるから、売春で生き延びる……。残念ながら、女性の自立にとって縫製工場での労働が持続可能な選択肢とは言えない状況があるために、このような事態が続いています。

　意に反する人身売買や売春から女性や少女を守りたいと思う方は多いでしょう。ぜひ知ってほしいのは、彼女たちの性搾取と工場での労働搾取が無関係ではないということ。両者は、女性や少女を取り巻く現実のパーツのそれぞれ一部です。

　一方、第2章で紹介したバングラデシュ。いまも女性の地位が低く、とくに農村では、少女たちが低年齢で結婚させられる、強制的に結婚させられる、といった慣習が横行しています。少女たちは教育も十分受けられず、仕事もないので、早いうちに結婚させられてしまうのです。その結果、健康を害したり、DVの被害にあいやすいなど、幸せな結婚生活とはならないケースも報告されています。また、貧しい家庭では、人身売買の被害にあう少女も少なくありません。

　そうした状況のなかで、縫製産業は、若い女性たちが手に職をつけて自立する機会を与える職業として、期待されているのです。

　途上国の人びとが求めているのは、有名なアパレル企業（国際ブランド）が操業を止めて国外に去ることではありません。人間らしい、搾取されない働き方の保障です。縫製産業で労働基準がきちんと守られるようになれば、女性や少女たちのエンパワーメントにとって大きな前進につながるでしょう。

---

(1) https://www.youtube.com/watch?v=EnXhB1XtL2o

2 消費者には力がある

 問題を解決するには？

　これまでの章のおさらいになりますが、アジア各国の生産現場の過酷な労働の背景にあるのは、国際ブランド＝バイヤーが熾烈な低価格競争の犠牲を生産現場に強い、安全で権利を保障した労働環境を実現できる価格での買い取りを保障していないという事実です。

　国際ブランド＝バイヤーと下請け・委託先企業の関係は、労働契約ではなく委託関係なので、下請け・委託先企業はいつでも切り捨てられる危険性があります。だから、「もっと短い納期で」「もっと低価格で」というバイヤーの言い分に従うしかありません。

　そのしわ寄せはすべて労働者のところにいき、過酷な労働に追い込まれます。18世紀の「買いたたかれる労働者」という状況が、いまもグローバルに展開されているのです。低価格競争で勝利しようとする国際ブランドは、バングラデシュの生産労働が「割高」だと判断すれば、今度はさらに「割安」なところ─誰も注目せず、過酷な労働がやりやすいところ─に移っていくでしょう。

　低い買い取り価格・発注価格を押し付け、問題が発覚したら、突然「知らなかった」と言って責任をサプライヤーに押し付け、安易な「とかげのしっぽ切り」のように、発注を止める。これでは、問題は解決しません。

　こうした方針は、大量の失業者を生み出します。そして、結局、国際ブランドはより規制の緩い国、より監視の行き届かない国、より賃金の安い国に移ります。別の国、別の工場が低い発注価格で仕事を引き受け、そこで過酷な労働が生じるのです。

　では、どうすればいいのか。根本的には、現地の人たちが人間らしく働けるような、買い取り価格・発注価格の保障が必要だと私は思います。

▶ 私たちとつながる問題

　実は私も、ザラやH&Mの大ファンだった時期があります。それはニューヨークに留学していた2004年ごろです。貧乏留学生には、チープファッションはとてもうれしい味方でした。

チープファッションで固めた留学生時代の私

　でも、いまは、いわゆるファストファッションは避けるようになりました。搾取構造を知りながら買い続ければ、その構造に加担することになるからです。末端で苦しむ女性や少女たちの状況を知りながら、低価格競争のサイクルに加担したくはないと思っています。

　皆さんはどうでしょうか。

　安くてスタイリッシュな服がいい。そのとおりかもしれません。でも、ファッションは私たちの生き方やライフスタイル、自分なりのこだわりを表します。

　そのファッションが誰かの犠牲のうえに、アジアの女性たちの過酷な労働のうえに成り立っているとしたら、そのまま黙って買って着こなすのは、本当におしゃれでしょうか？

　それに、世界のどこかで過酷な労働があり、その結果として私たちの生活が成り立っているような状況に100％ハッピーな人はいないと思います。

　また、グローバリゼーションが進み、競争が激化する今日、こうした過酷な労働を「経済や産業のためには仕方ない」と容認してしまえば、次は私たちの労働条件も切り下げられるでしょう。どうして、アジアの工場では過酷な労働が許されて、日本では許されないのか。低価格競争の構造を容認してしまえば、大企業は安易にそういう発想に立つでしょう。

　考えてみれば、そもそも、日本をはじめ先進国で行っていた生産労働が「割高」だという理由で、企業は次々と生産拠点を海外に移していきました。

第7章●私たちにできること　111

そのため、国内で仕事を失った人も多いし、若い人がなかなか仕事に就けない事態も生まれています。これは、日本だけではなく欧米諸国にも共通する産業の空洞化現象です。

安いものを求め続け、世界のどこかで起きている犠牲を容認する。それは結局、自分たちの首を絞めることになるでしょう。

私たちはともに首を絞め合うのではなく、私たちを苦しめている現象の本質を見つめ、国境を越えてつながりながら、ともに人間らしく生きていく道を探していくべきではないでしょうか。

労働者に際限ない過酷な労働を強いている低価格競争の構造そのものを変えて、人間らしい働き方を取り戻すことが、いま何より求められいます。

 消費者が選択権をもっている

では、どうすれば低価格競争の構造を変えられるのか。

それは、私たちの消費行動、選択、そして私たちの発するノイズ（声）が鍵を握っています。

最近、国際ブランドは事態の改善に努めつつあります。消費者による抗議活動、不買運動、株価の下落などを恐れるからです。

欧米の世論やメディアは、厳しい目を国際ブランドに向け始めています。第2章で紹介したとおり、ラナプラザ・ビル崩壊事故の被害者への補償金の支払いを渋る企業名は公表され、厳しい批判にさらされました。ブランド・イメージが傷つけられ、商品が買われなくなれば、ブランドは大きな打撃を受けます。

第6章で取り上げたH&Mは、率先して事態の改善に努める姿勢を明確にし、ファッション・レボリューション・デーに参加するようになりました。

意識の高い消費者が増えれば、確実に世界を変えていくことつながります。第6章で紹介した、国連の「ビジネスと人権に関する指導原則」や2015年のG7サミットの声明などの国際的なコンセンサスは、なぜ形成されてきたと思いますか？　それは、ナイキ、GAP、アディダスなどで起きている過酷

な労働を調査した人たち、それを報道したメディア、不買運動やキャンペーンを展開した人たち、それに共感して声を挙げた人たちなど、多くのふつうの人たちの勇気の積み重ねの結果にほかなりません。

　消費の選択権は、私たちにあります。私たち消費者から疎まれれば、国際ブランドといえども、立ち行かなくなります。私たちが行動すれば、確実に企業の意識を変え、社会に変化をもたらすことが可能です。国際ブランドが社会的責任を果たし、公正な社会を求める私たちの要望に応える責任を果たさないかぎり、信頼されないし、誰も買わない。そんな文化を創り出していく力を私たちはもっています。

日本でも、意識の高い消費者が社会を変えていくことができる

　こうした国際社会の流れを見たとき、日本はまだまだ遅れている、と思わざるを得ません。

　日本のブランド企業の取り組みは、国際的水準にはほど遠い状態です。関連する報道も多くはありません。その影響もあるのか、消費者の注目度も決して高くはありません。新聞やテレビ、そしてファッション雑誌が特集を組んだり、継続的にフォローすれば、ずいぶん違うのですが……。

　そこで、皆さんにお願いしたいのです。この問題に関心を寄せ、自ら発信していってください。消費者として、市民として、ファッションを愛する女性・男性として。私たちひとりひとりができることは、たくさんあります。

　あなたが着ている服、買おうとしている服のタグを確認し、その生産国で起きている出来事に心を馳せてみましょう。そして、あなたの心に浮かぶ心配や不安に国際ブランドがどんな答えを出し、実行に移しているか、調べてみるのです。

　たとえば、それぞれの国際ブランドについて報道される労働問題に関心をもち、改善の取り組みをしているかをチェックしてみましょう。あなたが買うにふさわしい価値をそのブランドが提供しているのかを、考えてみましょう。そして、まわりの人たちと話したり意見を分かち合ってみましょう。

さらに進んで、国際ブランドに改善を促す手紙を書いたり、SNS やブログでつぶやいてみましょう。
　「△△はオーガニック・コットンで服を作ってる」
　「オーガニック・コットンがおすすめの理由」
　「□□社の下請けで、またも過酷労働」
　「フェアトレードを応援しよう」
　そんなニュースを見かけたら、自分の言葉を添えてシェアやリツイートしてみませんか。国際ブランドは社会の関心とユーザーの評判に大きく左右されます。
　小さな行動も、つもりつもればとても有効です。そうしたひとつひとつの選択がファッション産業のゆがんだ構造を変えるきっかけになるはずです。
　あなたのこだわりのなかに、「どうやって作られているのか？」という基準を加えて、ちょっとしたアクションにつなげてほしいと思います。
　ファッション・レボリューション・デーを検索して、何をしているのか知ったり、関連イベントに参加することもできます。ファストファッションの裏側を追った映画や DVD を見ることも、ひとつの方法です。フェアトレード製品や企業のサポートも、素晴らしい重要な選択です。
　日ごろファッションに敏感な人たち、トレンドセッター（流行を先取りする人）の意識が高まり、行動様式が大きく変われば、日本のメディアも変わります。そして、国際ブランドも意識を変えます。日本全体のカルチャーが変わっていくでしょう。
　皆さんのちょっとした行動の積み重ねが、ナイキの児童労働の根絶のような大きな改善につながるかもしれない。ひとつひとつの行動が低価格競争そのものの構造を変える力をもつはずです。
　すべての人の人権が大切にされる、よりよい明日を創り出す選択権は、私たちひとりひとりにあります。

あとがき

　21世紀、巨大な富と商品が毎日生み出されるめまぐるしい世界に私たちは生きています。でも、そんな世界で多くの人たちは幸せになったのでしょうか。

　本書では、世界中でファッション産業に関わる人たちが不幸になっている現状の一端に光をあてることができました。しかし、ファッション産業の原材料から小売りまで、すべてをたどり、裏側に潜入すれば、もっともっと大変な事実――一言で総称すれば人権侵害――が浮かび上がるのを、あなたは目撃することでしょう。

　そして、グローバリゼーションの負の影響が人びとにもたらした破壊的な損失は、本書だけではとても語りつくせません。ダイヤモンドや鉱物、カカオやエビなどの食料、コットン……。私たちが日ごろ親しんでいるモノたちがどれほどの涙や悲しみと「取引」されて、素敵なパッケージに包まれて手元にくるのか、それは想像を絶するものがあります。

　私たちの洋服、そして私たちを取り囲む商品のひとつひとつを「誰がどこで作っているのか。問題はないの？」という視点でトレースすれば、私たちは多くの現実を突き止めることができるでしょう。その現実を知り、伝え、「こんなことはフェアではない」と声をあげること、それは現状を変える大きな力になります。

　2015年の私たちのユニクロ・キャンペーンは日本の産業にも大きなショックをもたらし、ようやく日本の大企業のなかでも、人権に関する方針を採択し、サプライチェーン上の取り組みを強化する動きが出てきました。これは、多くの方が第3章で示した調査に衝撃を受け、調査報告書や報道などを拡散してくださった、「口コミの力」が企業を動かした結果と言えるでしょう。

ただ、動きは始まったばかり。まだまだ日本の取り組みは世界に遅れています。企業の方々に言いたいのは、サプライチェーンのプロセスにおける人権保障の取り組みは、一過性のPRに使われるような上滑りのトレンドであってはならないということです。本当に、ごまかしのない誠実な取り組みが求められているし、途上国の犠牲の上に成り立っている利益構造も含めてきちんと見直すことが求められています。

　そして、そうした企業行動を後押しするために、もっともっと日本の市民やメディア、消費者の皆さんが敏感であってほしい、本書に綴った真実に関心を寄せ、日常的に考え、行動してほしい、と願わずにいられません。

　率直に言って、問題は大きすぎます。経済搾取の圧倒的な現実は私たちをときに無力にさせます。でも、私たち消費者こそが、社会を構成する人びとこそが、こうした人権侵害を生み出す構造を変える選択権を握っています。

　世界中で声をあげ始めた勇気ある人びととつながりながら、ひとつひとつ、私たちの力で解決を提案し、選択し、人間とその尊厳がもっと大切にされる未来をつくっていきませんか。

　最後に、本書に書かれたファッション産業の陰で起きていることを教えてくださったアジア地域の友人たち、キャンペーンに関わってくださっているすべての皆さま、本書の執筆でお世話になったすべての方に心より感謝して筆をおきます。

2016年3月

伊藤 和子

▶ヒューマンライツ・ナウ
東京を本拠とする国際人権 NGO。
日本から国境を越えて世界の人権侵害をなくすことを目的に、弁護士、ジャーナリスト、研究者などが中心になって、2006 年に設立された。活動拠点は東京、ニューヨーク、ジュネーブ、アジア地域で、国連特別協議資格を有する。アジア地域を中心に、深刻な人権侵害の事実調査、アドボカシー、人権教育などの活動を行っている。主な活動範囲は、ビジネスで生じる人権侵害、武力紛争下の人権侵害、女性や子どもの権利、人権活動家の保護など。日本では、2014 年に認定 NPO 法人となった。

ファストファッションはなぜ安い？

2016 年 4 月 20 日・初版発行
2022 年 2 月 28 日・3 刷発行

著者●伊藤　和子

©Kazuko Ito, 2016, Printed in Japan.

発行所●コモンズ
東京都新宿区西早稲田 2-16-15-503
TEL03-6265-9617　FAX03-6265-9618
振替　00110-5-400120

info@commonsonline.co.jp
http://www.commonsonline.co.jp/

印刷・製本／加藤文明社
乱丁・落丁はお取り替えいたします。
ISBN 978-4-86187-126-9 C0036

コモンズの本

コロナ危機と未来の選択　パンデミック・格差・気候危機への市民社会の提言	アジア太平洋資料センター編	1200円
甘いバナナの苦い現実	石井正子編著	2500円
学生のためのピース・ノート2	堀芳枝編著	2100円
徹底検証ニッポンのODA	村井吉敬編著	2300円
徹底解剖 国家戦略特区　私たちの暮らしはどうなる？	アジア太平洋資料センター編	1400円
徹底解剖 100円ショップ　日常化するグローバリゼーション	アジア太平洋資料センター編	1600円
自由貿易は私たちを幸せにするのか？	上村雄彦・首藤信彦・内田聖子ほか	1500円
安ければ、それでいいのか!?	山下惣一編著	1500円
地球買いモノ白書	どこからどこへ研究会	1300円
カタツムリの知恵と脱成長　貧しさと豊かさについての変奏曲	中野佳裕	1400円
おカネが変われば世界が変わる　市民が創るNPOバンク	田中優編著	1800円
「幸福の国」と呼ばれて　ブータンの知性が語るGNH(国民総幸福)	キンレイ・ドルジ著／真崎克彦ほか訳	2200円
市民の力で立憲民主主義を創る	大河原雅子ほか	700円
協同で仕事をおこす	広井良典編著	1500円
本気で5アンペア　電気の自産自消へ	斎藤健一郎	1400円
「走る原発」エコカー　危ない水素社会	上岡直見	1500円
暮らし目線のエネルギーシフト	キタハラマドカ	1600円
ザ・ソウル・オブくず屋　SDGsを実現する仕事	東龍夫	1700円
タイで学んだ女子大生たち　長期フィールド・スタディで生き方が変わる	堀芳枝ほか編	1600円
ぼくが歩いた東南アジア　島と海と森と	村井吉敬	3000円
いつかロロサエの森で　東ティモール・ゼロからの出発	南風島渉	2500円
ラオス　豊かさと「貧しさ」のあいだ　現場で考えた国際協力とNGOの意義	新井綾香	1700円
ミャンマー・ルネッサンス　経済開放・民主化の光と影	根本悦子・工藤年博編著	1800円
写真と絵で見る北朝鮮現代史	金聖甫・奇光舒・李信澈著／李泳采監訳・解説／韓興鉄訳	3200円
北朝鮮の日常風景	石任生撮影／安海龍文／韓興鉄訳	2200円
竹島とナショナリズム	姜誠	1300円
中国人は「反日」なのか　中国在住日本人が見た市井の人びと	松本忠之	1200円
歩く学問 ナマコの思想	鶴見俊輔・池澤夏樹・村井吉敬ほか	1400円
カツオとかつお節の同時代史　ヒトは南へ、モノは北へ	藤林泰・宮内泰介編著	2200円
居酒屋おやじがタイで平和を考える	松尾康範	1600円

(価格は税別)